本书受到河南理工大学管理科学与工程学科建设经费资助

中国南亚热带典型季风区雨季水汽空间分异研究

许传阳　著

河南大学出版社
HENAN UNIVERSITY PRESS
·郑州·

图书在版编目(CIP)数据

中国南亚热带典型季风区雨季水汽空间分异研究 / 许传阳著. -- 郑州 ：河南大学出版社，2024. 6.
ISBN 978-7-5649-5964-7

Ⅰ. P426.6

中国国家版本馆 CIP 数据核字第 20243TY344 号

中国南亚热带典型季风区雨季水汽空间分异研究

ZHONGGUO NAN YAREDAI DIANXING JIFENGQU YUJI SHUIQI KONGJIAN FENYI YANJIU

审图号:GS(2024)5199 号

责任编辑 张雪彩
责任校对 阮林要
封面设计 高枫叶

出　版 河南大学出版社
地址:郑州市郑东新区商务外环中华大厦 2401 号　邮编:450046
电话:0371-86059701(营销部)　网址:hupress.henu.edu.cn
排　版 河南大学出版社设计排版中心
印　刷 广东虎彩云印刷有限公司
版　次 2024 年 6 月第 1 版　**印　次** 2024 年 6 月第 1 次印刷
开　本 710 mm×1010 mm　1/16　**印　张** 10.5
字　数 152 千字　**定　价** 35.00 元

目　录

1 绪论

1.1 研究背景与意义

1.1.1 研究背景

1.全球大范围的气候异常带来了极其严重的灾害

近几十年来，全球地表大气温度呈不断上升的趋势，天气气候异常事件增多，给许多国家带来了极其严重的灾害。IPCC（联合国政府间气候变化专门委员会）第五次报告再次强调了全球变暖的事实，1880－2012年全球平均气温升高了0.85 ℃，而1983－2012年可能是北半球近1400年来气温最高的年份[1]。大量的研究已经表明，极端气候事件，如高温、特大干旱、强降雨等发生的频率越来越高，破坏程度越来越强，影响范围越来越广，特别是近十年来表现得尤为突出，对社会稳定、经济发展和人民生活等各个层面的影响极其严重[2,3]，造成的经济损失在过去40年中平均上升了10倍[4]。仅中国而言，由于极端天气事件而引发的气象灾害就占整个自然灾害的70％以上[5,6]。比如，2005年春季云南异常干旱，2006年夏季川渝地区特大干旱，2009－2010年云贵川发生秋冬春季连旱，2011－2012年云南省发生大范围干旱，均对农业生产造成重大损失[7]。2011年，素有江南“鱼米之乡”的长江中下游地区出现了严重干旱，湖南、湖北、江苏、江西、浙江等省的干旱程度为新中国成立以来之最，对社会稳定、经济发展和人民生活等各个层面的影响极为严重[8]。

2.中国亚热带季风区是全球气候系统年际变化最大的区域之一

季风环流是水汽输送的载体，可以把水汽携带到不同地方，因此季风携带的水汽对季风区域中水分平衡起着重要作用。我国的西南地区属于典型的季风气候区，季风来源非常复杂[9-12]。这个地区的水汽来源通道以南海和孟加拉湾为主，还有印度洋和阿拉伯海乃至跨赤道气流，这些气流持续向着长江中下游等东亚地区输送，因此也极强地影响着上述地区降水格局[13]。我国西南地区水汽通道上存在着的水汽特征与一系列动力效应深度关联，比如亚洲季风、副热带地区的高压环流、海陆间热力作用以及中纬度系统季节性扰动等，这些都是认识我国东部以及东亚干湿机制的主要因子。这个地区也受到三大季风，东亚季风、南亚季风以及青藏高原季风的相互影响，因而倍受业界和学界关注。

3.水汽输送影响降水多寡进而导致区域发生干旱或洪涝灾害

一个地区的旱涝情况与当地的水汽输送有着十分紧密的关系，从气候学上来说，降水的年际变化较大和季节分配不均可以引起一个地区的旱涝，降水少时易形成干旱，降水多时易形成洪涝。降水是全球水循环的重要环节，降水的形成与水汽有着密切的关联，在气候变化中，水汽输送的异常、特征和规律影响着降水的多少。中国暴雨事件的发生率非常高，持续性暴雨事件降雨量大并且持续期比较长。如果洪涝灾害经常发生，会给我们国家造成巨大的经济和生命财产损失。马锋波等[14]在研究云南省年降水与亚洲季风之间的关系时表明，亚洲大气环流的重要组成有南亚季风和南海季风这两个季风系统，并影响了云南的整个气候，原因在于我国云南省纬度低、海拔高，并处于亚洲季风系统的南亚季风与南海季风的活动交汇区域。何华等[15]在对云南省 1980—1991 年 46 次暴雨的主要影响因素研究后指出，孟加拉湾的水汽是云南大暴雨事件的主要水汽源地。

4.水汽输送交互区域是气象灾害易发地带

水汽输送的交互影响区域是季风系统进行扩张、收缩以及移动的重点区域,并且标志着夏季风随时间推进的边缘,对所处地区的旱涝、干湿起着直接的决定作用[16]。需要说明的是,中国南部区域包括云南以及广西两个省区因气候异常屡屡发生灾害事件,这些不仅仅是地形地貌形态多样化以及气候气象变化较大还有大气环流繁多的原因,最重要的还是因为这个地区是我国夏季降水最主要的两个来源通道(孟加拉湾水汽以及南海水汽)集中发生交互影响的地区[17]。据研究,云南省年降水情况和亚洲季风活动两者的关系说明了一个事实,就是夏季风系统对整个云南省气候形成了控制,而且区域内存在不同暖湿气流相互之间影响的地理特征,其主要是区域处于低纬度地区,同时海拔高度高、地表形态多变以及各种暖湿气流多见等原因造成的[14];其中作为最重要湿气流组成的南海夏季风东来途经广西壮族自治区然后挺进云南省域内也是影响该区域气候变化的重要因素之一。但是不同区域的季风在不同的地方影响特征不同,因而会反映出不同的天气气候特征。

1.1.2 研究意义

水汽输送是气候系统和全球水文循环的重要组成部分[18],是一个地区旱涝变化的主要原因之一[19-20]。任何区域降水量的多与少不但和这个区域的地理位置相关,还跟大尺度的季风环流背景影响下水汽在输送过程中表现的特征紧密联系在一起[21]。降水能够形成的一个必要条件就是要有充沛的水汽输送,因此分析水汽来源和水汽输送状况就能够进一步认知一个区域的降水时空变化规律,并能更好地对相关区域进行夏季降水预测以预防洪涝灾害的发生。有很多学者对我国的西南和南部地区的水汽来源进行过研究[10,12,22],然而,大部分研究基本上都是通过计算水汽通量和散度的传统方法来进行的,这种方法在定量分析各水汽来源的水汽输送贡献方面存在一定的局限。

中国亚热带季风区深受季风气候的影响，再加上特殊的地形、地貌，因此干湿季节非常显著，确定影响降水的因素以及降水的水汽来源存在一定的难度。因此，在当今全球气候系统变化的大背景下，以中国典型亚热带季风区为研究区域，加强对我国亚热带区域水汽输送时空分异研究，开展影响中国夏季降水的两个海洋季风环流的交互区域界定，不仅有助于深入理解区域干旱洪涝灾害发展规律，而且也为认知陆地表层系统响应过程与机制提供支撑，对国家防灾减灾战略及区域可持续发展具有十分重要的理论价值和现实意义。

1.2 国内外研究现状

1.2.1 雨季划分及降水变化特征

1.雨季划分研究

雨季开始和结束日期的监测是气象服务的重要内容，对于农作物栽种安排和政府决策等均有十分重要的实际意义。目前雨季的划分，一种方法是在定义雨季指标时，同时考虑降水量变化和导致降水变化的原因。如强学民等[23]认为雨季开始和结束应与大气环流的季节转换相联系，同时建议将候作为划定标准的时间单位；晏红明等[24]在定义西南雨季标准时，把候降水量与季节转换期间高低层大气环流的变化结合了起来，认为平均雨季开始日期在 5 月 3 候，结束日期在 10 月 3 候。黄彩婷[25]基于江西省测站的降水量及环流指标，定义了江西雨季开始与结束日期，并发现江西雨季各年结束期有所差异，且北部较南部迟，呈现阶段性变化等特点。吕军[26]将区域降水量的大小变化和副热带高压所在位置结合起来判别淮北雨季；梁萍等[27]通过连续滑动候雨日覆盖率与西太平洋副热带高压的位置来确定梅雨开始日期。刘瑜等[28]认为初夏孟加拉湾低压影响着云南雨季的开始，且孟加拉湾低压出现的频率与云南雨季开始的早晚呈负相关关系。另一种方法是只用降水量的多少与变化作为判别指标。如张家诚[29]将旬雨量与年平均雨量相比，当比值大于4%时作为雨季开始的标准。郭其蕴等[30]以候雨量大于25 mm作为华南雨季开始期标准。还有一种方法就是单纯用降水量指标(初始量与增减)作为判别依据，例如赵汉光[31]将地区内降水强度的平均值用作判别指标，对华北地区雨季开始期和结束期进行了定义，基本思路为：假如降水由少及多变化，且降水有了区域性增加现象，那么就是雨季开始期，相反降水由多向少变化的时候，并且出现了降水的区域性减少现象，那么就是雨季结束期。还有王学忠等[32]将区域内气象站旬雨量的平均值和各旬的气候值作了比较判别，从而得出了区域雨季开始时间处于7月中上旬，而结束时间处于8月中上旬的结论，随后对雨季前和雨季后大气流场间存在的差异进行了研究。苗长明等[33]基于江南南部区域气象站的降水数据，构建了该区夏季初期的雨季指数，结果发现在最近的50年其夏季初期雨季的开始日表现为“V”字形变化态势，而结束日则表现为“纺锤”形的振荡趋势，而且发现影响这种趋势改变的大气环流区域重点部位在乌拉尔山一带。陶云等[34]基于EOF(Empirical Orthogonal Function)分析方法以及小波分析方法研究了云南省逐日降水量，应用两种方法的结果均表明云南省雨季开始期具有周期性变化的趋势，变化主要是由于受到印度季风以及南海季风共同作用的结果。

2.降水变化特征研究

IPCC第五次报告[1]指出，在全球气候变化的影响下，尽管有些地区的平均降水量在减少，但极端降水事件在大多数地区仍呈现出增多增强的趋势。降水的变化具有很强的区域性，分析实际观测资料发现，在不同区域降水的变化特征主要具有两种不同的类型：第一种类型为“强降水与弱降水增多，中等强度降水减少”，比如在欧洲西部与美国大陆[35]；另一种类型为“强降水增多，中等强度或弱降水减少”，比如在东亚地区[36－38]。在美国大陆，降水从1910－1996年增加了约10％[39]，其中强降水的增加更为显著，但这种变化在空间分布上并不均匀[35,40－41]。研究表明在日本区域，降水的强度不一致其变化的趋势也并不一样，核心体现在强降水有增加现象而弱降水有减少现象[42]；而具体到新加坡一带，1981年到2010年之间的不同尺度降水量极值均呈现出增加趋势，尤其是日降水量极值增速最快[43]。在气候模拟中也发现了类似的结果，许多研究指出随着全球气候变暖，极端降水呈增加趋势，但在其空间分布上呈现多相、不均匀的特征[44－46]。在中国大陆，1951－2000年的年均降水量变化不大，但区域性、季节性差异明显[38,47,48]。从不同季节来看，降水在冬季和夏季增加明显，但在春季和秋季则有所减弱；从不同降水强度来看，整体来讲呈现出小雨减少、大雨增加的特征[37,49,50]。Zhu等[50]研究指出，在1999年左右，中国东部地区也出现了一次年代际突变，淮河流域降水由减少转变为增加，而长江流域则由增加转变为减少。在华南地区，降水量存在一定的阶段性变化，汛期（4－9月）降水量具有7－11年的主周期，在前汛期、后汛期又存在准3年的周期振荡[51]。陆虹等[52]的研究发现，20世纪80年代中后期以来，华南地区的极端强降水的发生频数逐渐增加，其中广西东部地区的极端强降水频次变化较大，而在广西西部及广东沿海变化较小。嵇志华等[53]研究认为2008年黑龙江省西部雨季降水的季节内变化的主要特征为20－30天振荡周期。吴贤云等[54]依据全国740个测站的日降水资料，对两湖流域雨季降水特征进行了分析，发现两湖流域年降水序列可分为5个阶段。王连杰等[55]结合川渝地区1960－2010年34个测站的逐日降水量资料，研究了川渝地区雨季降水特征，发现川渝地区雨季降水量时空分布不均，多年平均逐候降水量呈单峰型，雨季降水量高值中心出现在雅安、乐山一线。于群等[56]依据山东省1965－2009年地面测站逐日降水量资料，对山东主雨季的气候特征进行分析，发现5—10月降水量序列存在3次突增或骤减的显著变化。

在区域水循环、水资源的研究中，降水时空格局演变是一项基础而又重要的研究工作[57-58]。Ventura等[59]研究表明，1952年到1999年意大利博洛尼亚的年平均降水量呈减少趋势，且冬季减少的趋势最为明显。Yue等[60]和Burns等[61]用Mann-Kendall检验法分别对日本和纽约州东南部的卡茨基尔地区年平均降水量变化趋势进行了研究，发现从9月到第二年1月日本整个研究区内月降水量大幅减少，而卡茨基尔地区年平均降水量显著增加。Mosmann等[62]对西班牙三百多个气象站点自1961年到1990年之间的降水资料统计分析，结果发现西班牙附近地区夏季降水量在上述时间段内呈现出明显的增加态势。Dore[63]通过研究发现北半球的高纬度地区以及赤道地区的年平均降水量都表现为增加态势，但是中国以及澳大利亚还有太平洋各个岛国的年平均降水量都表现为减少态势。Partal等[64]利用1929年至1993年的数据对土耳其年平均降水以及月降水量两者在几十年内的变化趋势进行分析，结果发现所研究地区年平均降水以及1月、2月和9月的降水量都存在明显减少的态势，并且土耳其的西部以及南部还有黑海沿岸等地区的年平均降水量也都呈现减少趋势。Echer等[65]针对巴西佩洛塔斯地区百年时间内的年平均降水量进行了序列变化趋势研究，并且同时基于小波变换和交叉谱方法等分析评定了研究区年降水量、ENSO、准两年振荡以及太阳黑子数等的变化之间存在的联系，结果发现研究区年平均降水量都出现了下降态势。Krishnakumar等[66]分析了印度西南地区喀拉拉邦区域1871年至2005年之间的年、季以及月的降水量平均值变化态势，结果表明研究区年平均降水量整体呈现明显变少趋势，其中冬季以及夏季降水表现为增大不明显，而6月和7月降水表现为明显变小，相反在1月、2月以及4月降水都表现为增大趋势。Hanif等[67]指出巴基斯坦年平均降水量在高纬度地区呈增加趋势，而在低纬度地区无显著变化趋势。

中国地域辽阔，区域降水季节性变化较大。从中国雨带活动的规律来看，中国东部季风区降水随季风自南向北推进，又自北向南回撤，降水季节呈现出明显的阶段性和区域性特征。吴凯等[58]基于1961年到2014年的降水格点数据，对中国大陆年降水时空分布进行分析，认为在此时间尺度和空间尺度下，气候变化中的整体降水格局未发生重大改变。黄荣辉等[68]研究了从1951年到1994年之间中国夏季降水存在的年代际发展态势，结果表明从1965年之后整个华北地区夏季降水显著变小，但是自70年代末开始，长江以及淮河流域出现夏季降水显著变大的情况。覃军等[69]分析发现，自从1961年开始湖北省附近地区年平均降水呈现变大态势，主要表现为东增西减以及南增北减现象。周子康等[70]研究发现，在1951年到1990年内，整个长江中上游地区还有南疆地区平均降水呈现逐渐变大态势。陈学凯[71]分析了贵州省降水量时空变化及分布规律，认为年降水量空间分布不均，整体呈现东多西少的分布趋势。钟爱华等[72]依据四川省绵阳地区8个台站1959－2005年日降水资料，采用经验正交函数分解法和连续功率谱分析等方法分析了绵阳地区年降水量的时空分布特征及变化趋势，认为该地区年降水量的空间分布不均匀，局地差异大，且表现为3种分布型。张磊等[73]应用1961年到2000年的数据发现青藏高原地区出现年平均降水逐渐变大态势。宋连春等[74]对西北地区的年平均降水进行研究，发现20世纪整体表现为变小态势，其中70年代出现较为显著的转折，开始从变小转为变大态势并且持续到现在。张健等[75]分析发现，自1960年到2006年，京津冀地区出现了平均降水变小态势。

1.2.2 季风区水汽来源及输送过程

水汽输送及其来源是影响我国降水的重要因素，因此分析降水的水汽输送状况及其来源对于研究我国降水的形成以及其机理过程具有十分重要的意义。从整个东亚区域来看，来自于印度洋的西南季风，来自于西太平洋的东南季风以及西风带的水汽输送都会对大气降水产生较大影响。其中我国西南地区同时受西太平洋、印度洋两大季风系统的影响，具有典型的季风气候特征[76]。然而，对于该区域各季风环流系统的影响范围及影响程度一直有着比较激烈的争论，也一直受到国内外学者们的高度关注[77]。

早在1934年，竺可桢就已经发现中国的夏季降水与亚洲季风的水汽输送存在密切联系[78]。谢义炳等[20]和孙建华等[19]指出，中国夏季降水主要有太平洋南部和印度低压东南部两个水汽源地。同位素跟踪方法对于确定研究区域季风的来源具有扎实的理论基础。柳鉴容等[12]主要应用稳定同位素技术及证据对中国南方夏季季风降水可能的水汽来源进行研究，结果发现云南省区域降水应该是西南通道以及南海通道而来的水汽共同导致的。Pearce以及Mohanthy[79]研究了对流层存在的水汽通量并发现，中国西南季风区发生降水的重要原因是南印度洋地区时刻存在着大量水汽蒸腾。庞洪喜等[80]利用瑞利分馏等理论研究发现，西阿拉伯海以及南印度洋上空的水汽蒸腾是中国西南季风区出现季风降水的主要原因和重要来源，其研究结果与胡菡等[81]的结论相似。另外，两大水汽源地造成中国亚热带区域的降水存在着显著的时间差[27,38]。例如，云南、广西4月初受来自南海的东南湿润气流影响，随气流自东而西输送过程中，由于哀牢山地形的阻隔作用使得哀牢山以西地区受到的影响很小，到了5月份，从西而来的孟加拉湾气流在向东运移的过程中，也是因为哀牢山地形产生的阻隔作用使得哀牢山往东的区域在短时间内接收到的孟加拉湾气流带来的水汽极少，反而受到南海季风作用非常明显[82]。关于出现这方面现象原因的研究，目前有学者从海温异常和存在于西太平洋区域的副热带高压以及地形等多重视角开展了分析，但是直到目前仍然还没有得出一个能够被普遍接受的结论[2]。

2004年，田红等[83]在进行中国夏季降水的水汽通道特征的研究时表明，夏季输送到中国大陆地区的水汽有三条低纬通道：一条是西南通道（也就是南亚季风），一条是南海通道（南海季风），还有一条是东南通道

(副热带季风)。我国的西南地区位于亚洲季风区,所以会受到不同季风的影响[84],其中东亚季风、南亚季风和青藏高原季风对我国降水产生主要影响。研究表明,我国夏季受到太平洋季风与印度洋季风的共同影响,两大季风各有影响的势力范围。例如周长艳等[85]、徐祥德等[86]、庞洪喜等[80]分别得出了夏季青藏高原东部区域、"大三角扇形"区域、广西以及贵州的氧同位素空间变换趋势等,都是印度洋与太平洋两大季风共同影响造成的。

马锋波等[14]通过研究云南年降水与亚洲季风的关系得出,南亚季风和南海季风是亚洲大气环流的重要组成部分,由于我国的云南省所处地区具有明显的低纬度和高海拔等地理特征,而且还处在亚洲季风系统内部的南亚季风以及南海季风共同作用的位置,所以云南地区的整个气候都处于南亚季风和南海季风的共同作用之下。张万诚等[87]通过分析夏季风带来的水汽输送针对云南地区旱涝变化的影响之后表明,影响云南地区夏季降水的水汽来源主要有两个,分别是从印度洋(孟加拉湾)而来的西南水汽和从太平洋(南海)方向而来的东风气流。云南夏季降水的主要水汽通道是南亚夏季风水汽输送。曹杰等[88]应用相关分析和 EOF 方法分析了云南 5 月强降水天气与亚洲季风变化的关系,结果表明云南 5 月强降水天气和南亚季风体现的强度指数之间的相关性高于南海季风体现的指数,即反映了南亚季风对云南 5 月强降水天气的影响大于南海季风。而秦剑等则认为在云南省初夏雨季开始期,东南季风影响是主要的,但随着雨季的持续,西南夏季风逐步控制并取代东南夏季风而成为主要的天气系统[89];何大明等[90]通过研究夏季印度洋和太平洋水汽交汇区的季风变化后指出,水汽交汇区 8 月份位于 97.5°E 附近;郝成元等[91]将 SOFM(Self-Organizing Feature Map)非线性分类器应用于云南省南部区域界线划分的研究中,认为哀牢山是我国冬季干冷东北风和夏季湿热西南夏季风的基准分界线,但并没有严格按照山脉走向为界;曹杰等[92]应用欧洲中期数值预报中心提供的再分析资料判识出两大季风环流水汽交汇区主要在 100°E 附近。

另外，广西壮族自治区处于华南低纬度地区，往西方向与云贵高原相接而南部与海相邻，所以海南夏季风深度作用于广西地区的天气以及气候[93]。李永华等[94]认为与西南地区东部夏季降水相联系的水汽通道中，印度洋水汽通道强度最强，太平洋水汽通道强度最弱。常越等[95]研究了中国南方地区前汛期干湿年份水汽输送之间存在的不同，结果表明从西太平洋方向以及华北方向而来的差异化水汽输送现象直接作用并导致了中国南方地区前汛期降水的差异，但是从孟加拉湾方向而来的水汽输送差别作用于中国南方地区前汛期降水很小。因此，对于中国西南地区夏季降水的西南和南海水汽通道交汇区的位置有待进一步明确和重新认知。

通过以上研究可知，对我国的西南水汽通道及来源的研究甚多，但是对我国西南地区的水汽输送轨迹路径的研究较少，尤其是对于我国的云南、广西地区降水中各不同水汽来源的水汽贡献及其定量分析。我国西南及其邻近地区的水汽输送问题比较复杂，因此对水汽来源的研究手段有待进一步提高。

1.2.3 水汽输送研究方法应用

1.模型模拟

由美国国家海洋与大气管理局（National Oceanic and Atmospheric Administration）空气资源实验室（Air Resources Laboratory）开发的拉格朗日轨迹模型 HYSPLIT（Hybrid Single Particle Lagrangian Integrated Trajectory Model）为水汽输送过程的研究提供了一个比较好的手段，通过 HYSPLIT 方法的后向轨迹模式来模拟并追踪水汽从何而来，能够相当清楚地理清气团输送的来源地区，还可以定量分析出每个水汽来源地区的水汽贡献。Stohl and James[96] 利用 HYSPLIT 轨迹模式研究2002年发生在中欧的一次极端降水事件时发现，水汽的来源为地中海及地表蒸发。苏继峰等[97]基于HYSPLIT模式分析了安徽省南部梅雨时期暴雨产生的水汽来源，通过应用HYSPLIT后向轨迹模拟之后发现，从孟加拉湾以及南海方向而来的水汽影响着本场暴雨。陈斌等[98]应用拉格朗日法后向轨迹模式研究了中国东部地区夏季极端降水发生时的水汽来源，并得出了我国东部地区陆面蒸发作用对降水作用稍微大些的结论。孙妍等[99]在对2010年7月吉林省出现的暴雨灾害进行诊断分析和水汽后向轨迹模拟后发现，吉林省此次暴雨事件的水汽来源主要分为三个部分，分别是南部海域的水汽、北部高空的水汽输送和当地水汽源地。杨浩等[100]通过使用拉格朗日法对比分析江淮梅雨与淮北雨季的水汽输送特征，得出江淮梅雨和淮北雨季的水汽输送来源，并计算出了各自的水汽源地对它们的贡献率。吴凡等[101]利用NCEP、地面观测和GDAS资料对2014年5月16日至17日江西地区暴雨天气过程进行水汽输送特征分析，采用了HYSPLIT模式对此次暴雨区不同高度的水汽来源及输送路径进行后向轨迹模拟，得出的结果与利用流函数和势函数分析出的水汽输送源地和路径基本一致。由以上研究可知，基于拉格朗日的研究方法已经被广泛应用于水汽输送的研究中，并且采用HYSPLIT模式能够比较清晰地确定水汽的源地以及水汽源地的贡献率，由此可见，该方法在技术与理论上都可行，可以被应用于水汽输送的研究中。

2.同位素示踪

1947年美国著名宇宙化学家、物理学家哈罗德·克莱顿·尤里(Harold Clayton Urey)的研究成果“同位素物质的热力学性质”公布，从那之后稳定同位素地球化学走上了发展的快车道[102−106]。内容上，从传统的地质测温到地球化学示踪；方法上，从静态半定量到动态定量；领域上，从沉积学、岩石学到水文学、冰川学。其中大气降水稳定同位素可作为水汽源的自然示踪或利用其变化反演大气过程,植物体稳定同位素可以为水资源调查和古气候恢复提供证据[107]。

存在于降水中的H和O两种稳定同位素成为气候研究与实践中的重要示踪物质[108,109]。通过分析降水之中存在的稳定同位素所体现出的相对丰度就能够获知以及进一步推测全球范围或者某个区域的短期气候态势及长期气候演变趋势[76]。按照物质守恒定律规则,来自水汽源区的稳定同位素所占比率控制着运移到各地形成的降水中氢和氧的各类同位素之间存在的比值数量,并且降水中氢以及氧的各类稳定同位素所表现出的组成结果以及变化等还跟气候和地理的其他很多因子有关联,体现出显著的时空改变特性,而且对外部客观条件的反应也比较积极,因此能够反映水循环在进展过程中的不同态势[110]。之所以如此是由于水发生相变的同时也在水中出现了同位素分馏的情况,来自不同地区的水汽表现出差异化的同位素构成特性,所有同位素示踪水循环变得可行[111]。表现在大尺度上能够应用模拟来指示全球范围内的季风进退以及降雨带出现的偏离现象等;另一方面能够分析区域大气降水对于地表河流、湖泊以及地下水等的补给规律[112,113]。部分学者在20世纪末分析了氢和氧同位素表现出的环境效应特性[114-117],但实际上决定降水中氢和氧同位素不同构成特性的因素主要是降水水汽来源地、水汽运移过程、降水物理过程还有大气环流和实际降水区域雨水降落时的气候气象环境等[118-120]。我国学者对西南部地区氢和氧同位素表现的比率复杂情况已有获知,并且有些研究结论在气候区划还有古环境重建中获得了一定程度的应用[22]。过量氘也称d函数,一般可以用于评价某个区域大气降水由于地理与气候等原因与全球大气降水线不一致的程度,因此通过计算研究区形成降水的d函数,就能够明显地反映这个区域大气在降水蒸发以及凝结过程中存在的不平衡性,这事实上就是表征大气降水且体现综合环境因素影响的指示标准[121]。所以对处于中国西南部区域的大气降水,研究其氢和氧同位素存在的空间格局具有极为重要的必要性,这一方面是由于该地区地形地貌多样、气候气象多变以及大气环流复杂等，另一方面是因为这个地区处在夏季对中国影响最大的水汽通道交汇区域的位置[17,122]。

存在于大气降水中的稳定同位素物质，其丰度的涨落和形成降水的整个气象过程、水汽源区等的初始状态以及大尺度环流态势都有着极为紧密的关联[10,109]。这是因为水在发生相变以及在输送过程中经常会导致 H、O 这两种稳定同位素具有的丰度发生改变，因此可以用水中某种元素示踪来研究水循环过程，目前研究成果就已经找出了在海水、淡水以及雪水中 H 和 O 这两种可靠的稳定同位素（氘和氧 18）组成的演变规律，还发现了 SIP（降水稳定同位素）的成分主要跟 LST（地表温度）、经纬度以及降雨量等因素有关系，因此依靠测度水循环的各个过程中同位素丰度的衰减变化就能识别和分析很多地球化学演变过程以及水循环过程[117]。

我国西南地区生物多样性丰富，生态系统类型多彩，地形地貌复杂而多样，气候、气象特征迥异，其主要原因不仅与青藏高原隆升直接关联，也与太平洋和印度洋季风系统存在较多关联。根据研究情况显示，现代存在于大气降水当中的稳定同位素的组成成分能够反映不同尺度大小的天气以及气候特征等，并且跟季风系统内的各因子之间相关性很大[117]，周长艳等[85]、徐祥德等[86]、庞洪喜等[80]分别得出了夏季青藏高原东部区域、“大三角扇形”区域、广西、贵州氧同位素空间变换趋势等，都是印度洋、太平洋两大季风共同影响造成的。

大气降水是流域水循环中的重要组成部分，其同位素组分不仅是区域水体间水力联系的基础，还反映区域气象气候及综合自然地理信息[123]。自 1961 年国际原子能机构（IAEA）和世界气象组织（WMO）合作以来，迄今已在全球建立了 800 多个降水取样站，在全球范围内建立了降水氢氧稳定同位素观测网（GNIP），对降水中稳定同位素以及相应的气象要素进行连续的跟踪监测[81,115]，积累了丰富的基础资料，如 Mook、

Rozanski 等分别根据降水观测网资料得出大体一致的全球降水线方程[124—125]，而我国大气降水监测工作始于 20 世纪 80 年代，其中章新平、柳鉴容、陈中笑等研究了全国或地域性大气降水氢氧稳定同位素特征，表现出纬度、大陆、温度、雨量、高程等环境效应特征[10,12,117,126]。其中，张升东[127]基于全球大气降水同位素监测网数据绘制出我国 $\delta^{18}O$ 时空分布图，提出影响我国降水中 $\delta^{18}O$ 变化的 3 条水汽路线，并利用降水中过量氘空间格局分析，得出了气团性质是西南地区降水稳定同位素季节性变化的最重要因素之一。同时，庞洪喜等利用代表西南季风区的新德里和代表东南季风区的香港两站氢氧稳定同位素资料，得出中国南方地区降水氢氧稳定同位素显示了夏季风的水汽源及传输路径[80]的结果，该结果与大气环流背景基本吻合，并呈现出广西、贵州两省区的 $\delta^{18}O$ 结果值较低，往东西两侧增高的趋势，是东南季风和西南季风共同影响的结果[12]。以上实际调查和模拟分析也都证明了一个事实：海洋代表了全球大气降水中稳定同位素的源，来自海洋蒸发的水汽中重同位素比率均高于经过冷凝过程后剩余水汽中的重同位素比率[10]。总之，利用降水氢氧稳定同位素示踪季风水汽源地理论上合理、技术上可行，但对于西南和南海水汽交互影响区域的界定研究目前还少有开展，只有部分基于 GNIP 和 CHNIP（中国大气降水同位素观测网络）进行了宏观尺度的半定量研究。

一段时间以来，很多学者陆续开展了中国东部大陆性季风区[117,128]、中国西北部干旱半干旱地区[129]、青藏高原区域[130]、中国沿海岛屿地区[131]、部分长江流域范围[132]以及泛黄河流域区域[121]等的研究，对上述这些地区的降水中所含稳定同位素的证据开展了大量细致的分析，最近开始针对我国西南地区的相关研究也不断在开展。对我国西南地区的相关研究最早可以追溯到 20 世纪中后期，甚至有些研究成果还被古气候学者应用在对东亚地区古季风再构中[10,133]。不过所有以上分析研究主要考察同位素比率和地表因子关联，侧重观测结果，而对影响机制没有深入考虑，并且月值数据很难对短时间尺度下降水中稳定同位素的变化进行分析。

3.区域分异模型

所谓区域分异就是指地球表层存在的大小不等且内部拥有一定程度近似的地段相互之间的分化，和因此出现的差异[134－135]，该问题能够归结判别成模式识别或者聚类分析等。而模式识别也就是依靠某种算法，能够自动或者利用人工将需要识别的对象归类到特定类别的一种方法和技术手段。

现在经常使用的模式技术之中，贝叶斯分类器以及线性分类器都是基于概率论还有数理统计为核心的，相对较为成熟可靠，这两种方法在研究样本线性且可分的时候，其分类结果的准确程度非常好，且具有聚类结果清晰、无模糊二义的优点，但也存在一些致命问题。例如在自然界之中的需要认识判别的客体一般都是线性而且不能被分开的，尤其是多种因子耦合而成的综合体更是如此，并且还需要在开始前就确定 K 个聚类发生时的初始点[136]。所以怎样提前确定 K 值就成为传统聚类算法面临的首要难题[137]。也就是说传统意义上的区域划分一般情况下是需要在熟悉研究地区综合特征的前提下，再根据特征差别的程度把地域进行划分，且根据划分出的不同地域单元分析各区域自然环境特点以及变化情况。只是要获知每个地理空间的综合性细致特点实际可操作性非常弱，并且在现实研究中有关于界线确定的问题从来都是困难的，这是由于所谓交界处往往都是从量变逐渐过渡然后发展到质变的一系列连续点，而所定义的界线两侧也都是相似以及差异相当小的地段，也就是说界线的划定还是缺少具体的便于操作的模式[138]。随着科学技术的发展，出现了新的理论以及技术方法在模式识别方面获得应用，比较有代表性的像人工神经网络、模拟退火算法、遗传算法以及模糊集合理论等，新技术手段的应用提高了识别差异性方面的准确程度以及解决复杂问题方面的应变能力。

人工神经网络模式以芬兰科学家科荷伦(T. Kohonen)[139]在1981年研究的神经网络类型(自组织特征映射模型)为代表,英文名称为Self-Organizing Feature Map,英文简称SOFM。该映射网络模型也叫Kohonen网络,自身具有比较强的自我适应学习的能力。网络本身可以自动地无师自学,向周围环境学习。SOFM网络模式的工作原理如下:该网络在接受来自外界的输入模式时,通过自身运算就会分为不同类型区域,而且各区域对相同输入模式各自具有不一样的响应特征。简言之,输入模式存在着特征相近就会靠得比较近,特征差异大就会分得比较远的情况。还有,各神经元在联接权值并且相互的调整过程中间,最相靠近的神经元会相互刺激,然而距离远的神经元就会相互抑制,那么更远一些的神经元则有着比较弱的相互刺激作用。所有输入层输入的神经元都通过相互竞争以及自适应学习,共同形成了有序的空间神经结构,进而也就实现了输入矢量再到输出矢量空间之间的特征映射。而SOFM的自我学习就会使网络节点都有选择地接受来自外界刺激模式具有的不同特性,也就提供了建立于检测特性之空间活动规律基础上的性能描述。总之SOFM的自我学习过程其实就是在某个特定的学习准则的具体指导下,一步步优化网络参数。从以上介绍可以看出,跟传统意义上的分类方法相比较,自组织特征映射网络就是没有监督的一种分类方法,该方法形成的具体分类中心能够准确映射到曲面或者平面之上,而且还能保持它们的拓扑结构不发生变化[139]。

1.2.4 水汽交互影响区域分异研究

1.降水区域分异研究

降水区域空间分异研究旨在找出区域降水时空变化规律,对地区植被变化及生物多样性发展具有重要意义。

胡金明等[140]应用处于纵向岭谷区沿着北回归线及其南北两侧气象

站点1961—2007年之间的月降水资料，并基于所有站点年降水重点特征统计数据等，分析研究区，结果表明：研究区呈现出西部、中部、东部的降水空间分异，各区域内部高自相似，而区域间分异明显。区域内部分地区降水量分异来自间隔分布的“岭—谷”地形。潘韬等[141]利用GIS空间分析和小波分析等方法，分析纵向岭谷区水热格局以及生态系统结构和功能等，发现了生态地理要素因地表格局而产生的区域分异效应。王艳姣等[142]基于中国1960—2010年之间的1840个台站以年为单位的降水量数据，应用EOF和REOF方法对降水进行分区，而且对各个分区降水的变化特征都做了进一步研究。发现中国西南地区降水明显呈现阶段性变化，在2000年以前，其东北部和西部地区大致表现为反方向变化，因为受到青藏高原地形影响，还有东亚季风以及副热带高压等影响因素，所以降水阶段性变化比较明显，其成因也很复杂。孔锋等[143]应用线性变化趋势以及变异系数等方法，并基于1961—2015年涵盖535个站点的降水日值数据，研究了中国降水空间变化在不同月份以及不同持续时间的分布情况，发现中国降水的空间差异性有随时间加剧的现象。陈绿文[144]在大尺度区域研究方面提出了划分和检验6—8月旱涝年的方法，并且总结出1920—2000年6—8月的全球旱涝年表，基于REOF方法，把全球陆地降水场(6—8月)划分成为34个降水分区，并发现在全球6—8月之间大尺度区域不同降水存在着遥相关关系。胡润杰[145]基于EOF、REOF、SVD、趋势分析以及小波分析等方法，对我国华东地区夏季降水表现的时空分布进行研究，并对其与高度场为500 hPa位势的关系进行了分析。杨建平等[146]基于1951—1999年中国年降水量以及年蒸发量数据，得出干燥度指数(D)，进而将中国初步划分成干旱、半干旱以及湿润区，指出半干旱区相对而言环境变化敏感，也是处于中国季风区的边缘地带。吕军[26]应用多种统计方法，包括线性趋势分析、小波分析、突变检验以及环流合成分析等，结合拉格朗日轨迹模式，判定了淮北雨季与江淮梅雨以及华北雨季不同，而事实上独立存在，并且制定了全新淮北雨季指标，最终对淮北雨季独有的时空演变特征、海洋大气环流的特征影响，还有水汽输送特征进行了综合分析。黄惠镕[147]分析了淮南地区在不同中层和低层风向配置下，局地尺度降水相较于大尺度降水场，存在着线性以及非线性的关系。

2.不同水汽交互影响区域界定研究

水汽输送交互区域是气象灾害易发地带，对不同水汽交互影响区域界定进行研究有助于深入理解区域干旱洪涝灾害发展规律，对国家防灾减灾具有十分重要的意义。

范思睿等[148]基于 NCEP/NCAR(1961—2012 年)的月平均再分析资料，分析中国西南区域的水汽总量和水汽输送，发现了四个输送通道，在春季主要为孟加拉湾和偏西气流，夏季主要为孟加拉湾、印度洋季风，秋季主要为西太平洋，冬季主要为偏西风、西太平洋；发现西南区域全年基本为水汽汇合区(云南大部分除外)，水汽辐合中心形成两个，一个为西藏与四川的交接地带，一个为贵州和附近地区；在云南上空大部分为水汽辐散，只有夏季部分地区才成为水汽汇合区。许传阳等[149]以影响我们国家大陆干湿状况的来自孟加拉湾以及南海的两股水汽可能交界影响区域部分的云南省和广西壮族自治区作为研究区，并借助于稳定性同位素测定质谱仪 MAT253 计算雨季大气降水中氢氧稳定同位素的组成，基于 GIS 平台分析了 δD 和 $\delta^{18}O$ 的空间格局，最终发现两股水汽的交互影响区域应该在红河、个旧附近。赵伟等[150]基于 NCEP 提供的风向数据，利用拉格朗日模型中的后向轨迹模式，跟踪了云南和广西两个省雨季水汽来源，初步模拟了水汽输送来自不同地理方向的路径，并定量分析研究样点的降水水汽来源地贡献率，基本界定了西南和东南气流交互影响的区域，应该是纵向山岭哀牢山的东侧，也就是研究区气象站点个旧、蒙自包括砚山一带。曹杰等[92]首先对太平洋和印度洋两大水汽影响的空间边界及其交汇区域进行了研究，然后应用 NCMWF 提供的再分析数据资料，最终判定识别出夏季北半球来自太平洋和印度洋的水汽交汇区所处具体空间位置，发现了交汇区中两股水汽空间分异的规律为：6、7和8月份，来自太平洋水汽影响的边界基本上在印度洋、太平洋两大区域的地理分界线，也就是100°E附近，而太平洋和印度洋两股水汽交汇地带位于东亚地区(97.5°E－142.5°E)，还发现夏季印度洋、太平洋两股水汽交汇地带中，来自印度洋的水汽主要影响纵向岭谷区。

3.聚类分析方法在降水区域划分中的应用

聚类分析就是用数学方法来定量地确定各个样本之间的亲疏关系的一种数理统计多元分析方法。聚类分析方法是一种很好的数学分类法，尤其是模糊聚类分析，在变量多且众多因素变化未知情况下，对降水区域划分有明显优势。

汪海燕[151]应用模糊数据挖掘，选取我国华中地区若干气象站，对降水量数据进行分析并对降水区域进行划分，结果更加接近实际情况。邹杰涛等[152]基于模糊聚类分析(混合型)，首先应用传递闭包法获得研究对象动态聚类结果，接着应用统计量找取最佳分类，然后根据算法进行初始分类获得矩阵，最后应用模糊均值算法，迭代计算所得初始分类矩阵，在原分类结果所进行的软划分修正中，其最终聚类方法减弱了两次人为因素干扰，并在降水区域划分应用中实证分析表明，能够更为有效地划分降水区域。祁伏裕等[153]基于模糊聚类分析方法，针对内蒙古区域冬季降水作了类型划分，其结果分析表明，冬季内蒙古地区明显存在降水量差异，且整个地区可以分为6个降水区。杨淑群等[154]、余忠水等[155]基于系统聚类法分别对四川盆地和西藏自治区进行了降水区域划分，将四川盆地分成11片，西藏地区分成13片。

4.EOF及REOF方法在降水区域划分中的应用

经验正交函数(EOF)及旋转经验正交函数(REOF)方法在降水区域

划分中应用较为广泛，其特点是能在有限区域对不规则分布的站点进行分解，展开收敛快，很容易将变量场的信息集中在几个模态上。

朱乾根等[156]应用EOF方法，基于我国以季为单位的160个观测站37年间的降水资料，研究降水量的时空变化，并且根据5个特征向量场所处的分布情况，初步对我国降水自然区域进行了划分。王艳姣等[142]基于中国1960—2010年之间的1840个台站以年为单位的降水量数据，应用EOF和REOF方法对降水进行分区，而且对各个分区降水的变化特征都做了进一步研究。钱程程[157]利用区域EOF分析，研究发现，中国区域夏季干旱频率中，三个因素影响着年代际主模态，分别是太平洋十年振荡(PDO)、大西洋年代际振荡(AMO)以及全球变暖。管兆勇等[158]基于REOF方法划分北半球夏季(主要为6—9月)MC地区的降水区域，并且通过小波和回归等方法进一步研究了东亚夏季风差异、热带海洋信号与各地区降水特征变化之间的联系。王秀颖[159]应用EOF和REOF方法，基于辽宁省1964—2013年之间的46个雨量观测站以年为单位的24 h内最大降水量资料，研究分析了辽宁省以年为单位的最大24 h降水量时空变化情况。

1.2.5 存在的主要问题

(1)对我国的西南地区水汽通道及来源的研究甚多，但是对我国西南地区的水汽输送轨迹路径的研究较少，尤其是对于我国的云南、广西地区降水中各不同水汽来源的水汽贡献并未作定量分析。

(2)对于西南水汽和南海水汽交互影响区域界定的研究目前还少有开展，只有部分基于GNIP和CHNIP(中国大气降水同位素观测网络)开展的基于宏观尺度而且是半定量化的研究。研究主要考察同位素比率和地表因子关联，侧重观测结果，而对影响机制没有深入考虑，并且月值数据很难对短时间尺度下降水中稳定同位素的变化进行分析。

(3)对于中国西南地区夏季降水的西南和南海水汽通道交汇区的位置有待进一步明确和重新认知。我国西南及其邻近地区的水汽输送问题比较复杂，因此对水汽来源分异的研究手段有待进一步提高。

1.3 研究内容、技术路线

1.3.1 研究内容

(1)辨识雨季开始期特征，阐明雨季降水时空格局。

应用16个气象台站1971－2016年日降水数据，基于ArcGIS等平台，辨析雨季来临时间相位时空格局；探讨雨季降水构成特征（降水量、日数、强度）的年际、月变化趋势及不同等级降水强度对降水量贡献的分异特征；阐明雨季降水空间关联特征与演变规律。

(2)揭示雨季降水来源分异特征，探讨其交互区域。

借助稳定性同位素技术，从雨季全期及一次降水过程 δD 和 $\delta^{18}O$ 角度入手，阐明降水 δD 和 $\delta^{18}O$ 衰减过程，及水汽输送空间格局；探讨大气降水氢氧稳定同位素空间突变的降雨量效应和大陆效应，分析西南水汽和东南水汽的交互区域。

(3)阐明雨季水汽输送路径，揭示水汽传输的时空演变规律。

基于HYSPLIT后向轨迹模式从月尺度追踪各站点的雨季水汽输送路径及西南水汽和东南水汽源地对降水量贡献的时空演变规律；阐明雨季水汽输送过程与方向，并结合聚类分析，从雨季尺度进一步探讨水汽来源的交互影响区域。

(4)构建SOFM非线性分类器，基于多元数据定量描述雨季水汽来源分异特征，界定孟加拉湾水汽和南海水汽的交互影响区域。

基于上述研究，建立水汽来源分异量化多元数据表征体系，利用神经网络技术基于Matlab构建非线性分类器(SOFM)，定量描述中国典型亚热带季风区雨季水汽来源分异规律，实现对孟加拉湾水汽和南海水汽交互影响区域的重新认识和再确定。

1.3.2 技术路线

本文以中国典型亚热带季风区雨季水汽分异格局为核心，综合运用站点观测、同位素示踪以及模型模拟等方法，从雨季降水变化特征、降水来源识别以及水汽输送路径等角度分别探讨中国典型亚热带季风地区雨季水汽输送过程与分异机制，并基于上述研究构建 SOFM 模型，综合定量描述中国典型亚热带季风区域夏季两股主要水汽来源分异特征，以期深刻解析中国亚热带地区雨季水汽输送过程与机理，认知季风交互区水汽循环规律以及为洪涝灾害预测提供支撑。技术路线如下(图 1-1)。

1.4 文章结构

针对以上内容及目标，本书沿着“降水分异—水汽来源—输送路径—不同水汽交互影响界线划分”的总体思路展开论述，共分为 7 个章节，具体内容如下：

第一章绪论：主要介绍了文章内容的相关背景、研究意义、国内外研究现状等，分析了相关研究存在的主要问题，交代了研究内容及研究手段等，提出与研究内容相适应的技术路线。

第二章研究区概况与研究方法：本章对研究区位置、研究区观测站点空间分布以及研究区地形气候植被等做了简要介绍，主要介绍了数据分析过程中的统计方法、同位素示踪法、确定水汽来源及方向的 HYSPLIT 后向轨迹模式以及对区域进行分界的 SOFM 网络模式。

第三章雨季开始期及降水时空变化：本章主要介绍了研究区雨季开始期的变化特征以及雨季降水量、降水强度及降水日数的变化特征及趋势，并基于中国区域地面气象要素数据集(CMFD)进行协同分析。

第四章降水水汽源地研究：本章主要分析了研究区整个雨季及一次降水过程中 $\delta^{18}O$、$\delta^{2}H$ 及过量氘的空间分布特征。

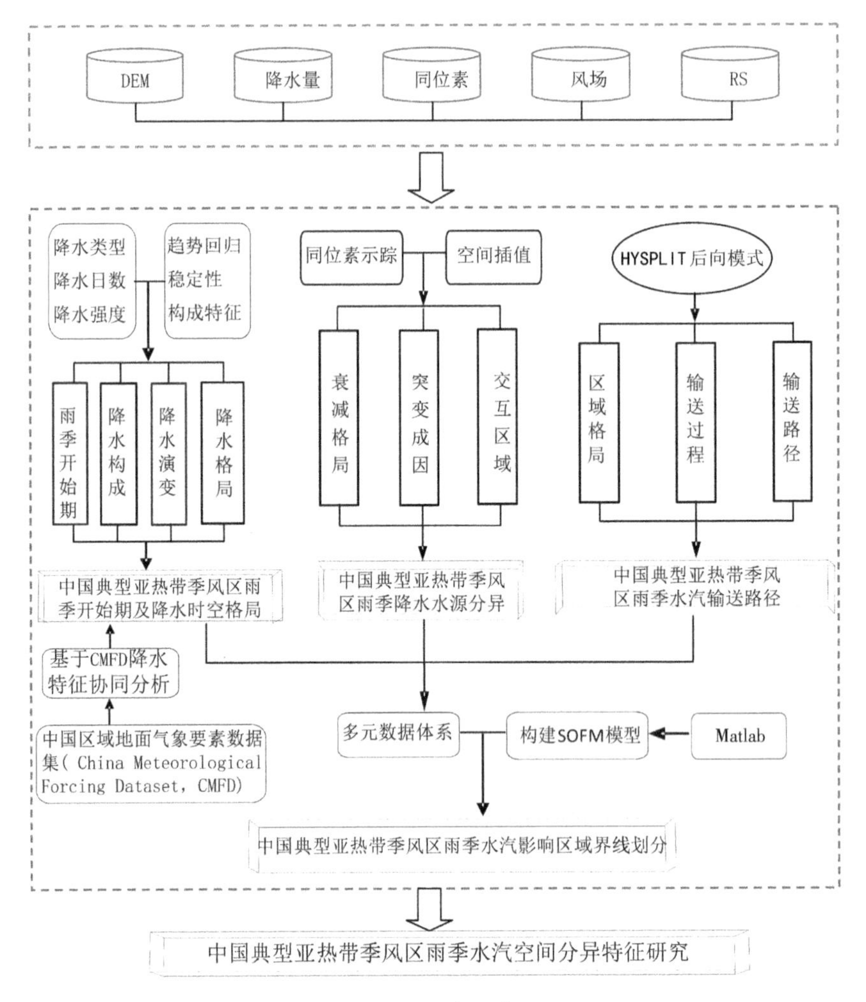

图 1-1 技术路线

第五章水汽来源及其输送路径研究：本章主要利用 HYSPLIT 后向轨迹模式来定量化追踪研究区水汽源地及水汽输送路径状况。

第六章水汽交互影响区域界定：本章主要通过构建 SOFM 网络模式对影响研究区的两股主要水汽——南海水汽和孟加拉湾水汽的交互影响区域作出界定分析，并与基于同位素示踪方法、HYSPLIT 后向轨迹模式分析的两股水汽交汇区域进行对比。

第七章结论与展望：本章主要对本书内容及本书不足之处进行总结，对未来发展进行展望。

2 研究区概况与研究方法

2.1 研究区概况

2.1.1 研究区位置

研究区主要分布在云南省和广西壮族自治区两个省级行政区的部分区域，位于中国南部，介于 20°55′N－29°15′N、97°31′E－112°05′E 之间。研究区北面以及东面和西藏自治区、四川省、贵州省、湖南省以及广东省等五省区接壤，而西面以及南面和缅甸、老挝还有越南三个国家相邻，东南方向与海南隔海相望。该区域处于全球典型亚热带季风区的核心区，北回归线东西横穿而过，季风盛行且水热变化显著，研究具有代表性。同时该区域又是季风进入我国的南部门户，研究具有以点带面的效果。

2.1.2 观测站点空间分布

观测站点为研究区内横跨云南、广西两省区的 16 个气象观测站，基本沿着北回归线东西向排列，包括云南(镇康、耿马、双江、景谷、墨江、红河、个旧、蒙自、砚山和富宁)10 个气象站点和广西[梧州、平南、来宾、上林、平果和德保(宝)]6 个气象站点，具体名录及信息见表 2-1：

表 2-1　16 个气象站相关信息

区站号	经度	纬度	观测场海拔/m	站名	省份
56839.00	98.82°	23.77°	995.30	镇康	云南
56946.00	99.40°	23.55°	1104.90	耿马	云南
56950.00	99.80°	23.47°	1044.10	双江	云南
56952.00	100.70°	23.50°	913.20	景谷	云南
56962.00	101.67°	23.42°	1314.60	墨江	云南
56975.00	102.43°	23.37°	974.50	红河	云南
56984.00	103.15°	23.38°	1720.50	个旧	云南
56985.00	103.38°	23.38°	1300.70	蒙自	云南
56991.00	104.33°	23.62°	1561.10	砚山	云南
59205.00	105.63°	23.65°	685.80	富宁	云南
59215.00	106.63°	23.33°	680.00	德保(宝)	广西
59228.00	107.58°	23.32°	108.80	平果	广西
59235.00	108.62°	23.43°	115.50	上林	广西
59242.00	109.23°	23.75°	84.90	来宾	广西
59255.00	110.38°	23.55°	32.50	平南	广西
59265.00	111.30°	23.48°	114.80	梧州	广西

2.1.3　研究区地形气候植被

1.研究区地形地貌

研究区地形地貌总体呈现出自西向东逐渐降低之态势，具体见图 2-1。西部的云南省地势特征以西北高、东南低为主，山地丘陵约占全省总面积的 90%以上，且以云岭山脉南段和元江谷地为分界线；东部地区以地形较为平坦的云南高原为主，西部地区则以山川沟谷纵横交错的横断山脉为主，最高海拔与最低海拔高度相差接近6000 m。研究区东部的广西壮族自治区地形则以丘陵为主，有“广西盆地”之称，地形起伏以相对北高南低为主要特征。

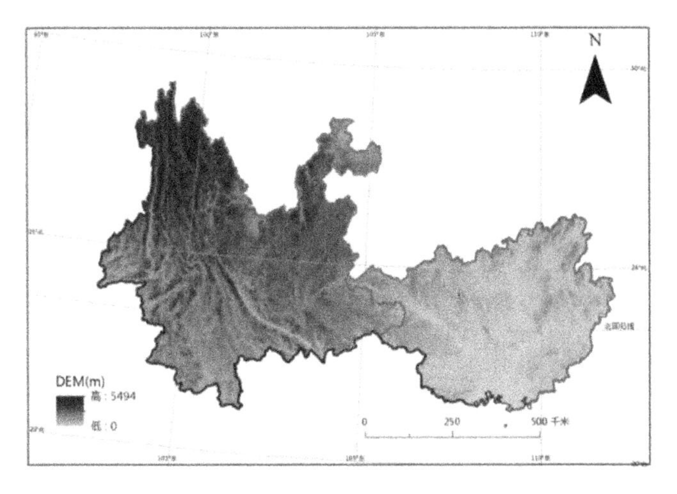

图 2-1 云南和广西地形图

2.研究区气候气象

研究区西部的云南省多年平均气温16.88 ℃，年平均降水量1096.32 mm；研究区东部的广西壮族自治区多年平均气温21.53 ℃，年平均降水量1225.49 mm。气候带类型上，研究区北部以中亚热带为主，只是在云南省最西北部有小区域的高原亚寒带气候存在；南部则以南亚热带为主，也有小区域的边缘热带气候类型出现(图 2-2)。

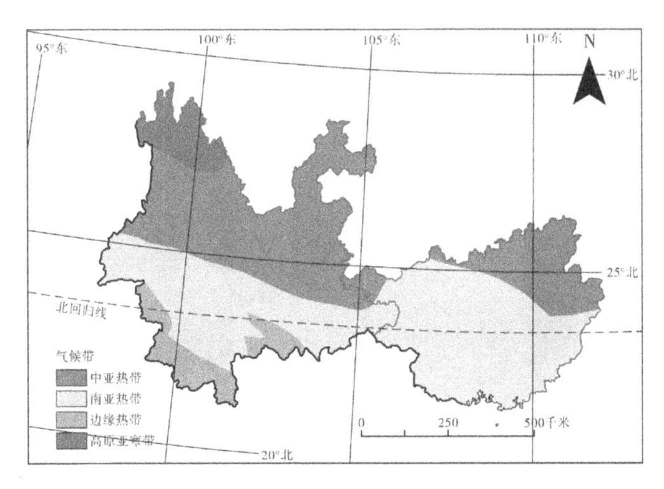

图 2-2 研究区气候类型图

3.区域植被状况

通过 ArcGIS 平台的栅格运算工具完成对云桂两省区 2000—2010 年多年平均 NPP(植被净初级生产力)的计算,如图 2-3 所示。研究区多年平均 NPP 分布表现出显著的空间异质性,NPP 数值由东向西逐渐降低。区域比较上,广西壮族自治区的 NPP 平均数值较高,为 3.46×10^3 $gC\cdot m^{-2}\cdot a^{-1}$;云南省 NPP 平均数值较低,为 $2.924\times1032.92\times10^3$ $gC\cdot m^{-2}\cdot a^{-1}$。以 0—2000 $gC\cdot m^{-2}\cdot a^{-1}$、2000—4000 $gC\cdot m^{-2}\cdot a^{-1}$、4000—6000 $gC\cdot m^{-2}\cdot a^{-1}$作为阈值范围将 NPP 划分为低、中、高三个等级,结果广西壮族自治区高等级 NPP 所占面积最大,面积比例为 49.86%;低等级 NPP 和中等级 NPP 所占面积比分别为 29.17% 和 20.97%。云南省 NPP 高等级所占面积比例最低,仅为 24.41%,而中等级 NPP 所占比例为最高的 47.72%。

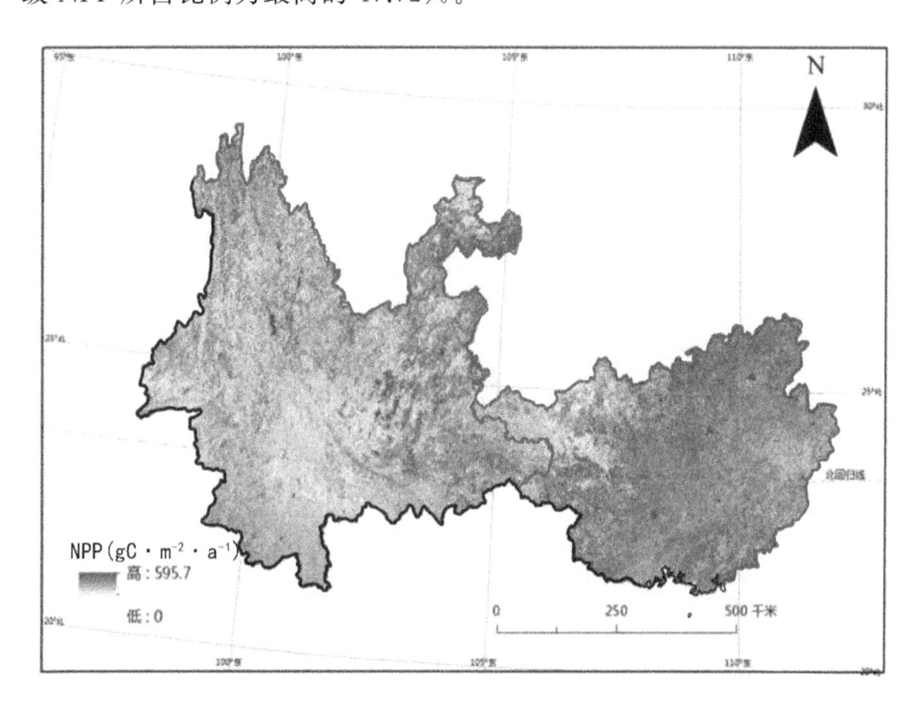

图 2-3　研究区植被净初级生产力

利用ENVI软件对2000—2010年的云桂两省区年际NPP进行逐像元的趋势分析,结果显示NPP变化趋势呈现出明显的地区分异,具体见图2-4。广西壮族自治区73.14%的区域NPP呈上升趋势,26.03%的区域NPP呈下降趋势;NPP呈上升趋势的区域集中于东部,NPP呈下降趋势的区域集中于西南部。而云南省69.74%的区域NPP呈上升趋势,29.14%的区域NPP呈下降趋势;NPP呈上升趋势的区域集中于西北部,下降趋势的区域集中于南部。

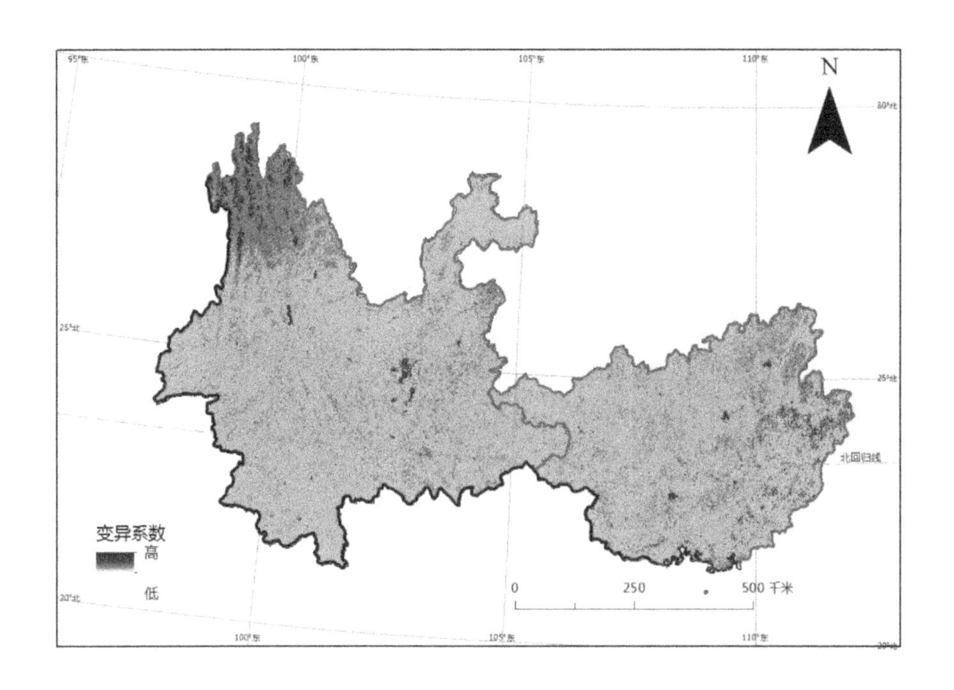

图2-4 研究区空间变异系数

2.2 研究方法

2.2.1 线性倾向估计

线性倾向估计的具体方法也称一元线性回归拟合,该方法是气候变化趋势研究中常用的方法之一。方程如下：

$$X_i = a + b t_i + \varepsilon, i = 1, 2, \cdots, n \tag{2-1}$$

式中 X_i 为一个具有 n 个样本量的某一气候变量，t_i 表示 X_i 所对应的时间，a 为回归常数，b 为回归系数也即倾向率，ε 为随机变量。a 与 b 可以用最小二乘法估计：

$$b = \frac{\sum_{i=1}^{n} x_i t_i - \frac{1}{n}(\sum_{i=1}^{n} x_i)(\sum_{i=1}^{n} t_i)}{\sum_{i=1}^{n} t_i^2 - \frac{1}{n}(\sum_{i=1}^{n} t_i)} \tag{2-2}$$

$$a = \bar{x} - b\bar{t} \tag{2-3}$$

式中 $\bar{x} = \frac{1}{n}(\sum_{i=1}^{n} x_i)$，$\bar{t} = \frac{1}{n}(\sum_{i=1}^{n} t_i)$。

倾向率 b 用来表示某一气候变量的变化趋势，$b>0$ 表示该气候变量随时间的变化呈上升趋势，$b<0$ 表示该气候变量随时间变化呈下降趋势。回归系数 b 通常称为倾向值，因此该方法也称为线性倾向估计。

2.2.2 降水稳定性

变异系数是衡量变异程度的统计量，文中用来反映多年降水变化的波动程度，也即稳定性。计算公式如下：

$$C_v = \frac{1}{\bar{x}} \sqrt{\frac{\sum_{i=1}^{n} (x_i - \bar{x})^2}{n-1}} \tag{2-4}$$

式中：C_v 为降水日数(降水量)的变异系数；n 为研究总年份，x_i 为第 i 年的降水日数(降水量)；$\bar{x}$ 为 1971—2016 年降水日数(降水量)均值。C_v 越大表示降水变化波动越剧烈，反之，波动越微弱也即稳定性越高。

2.2.3 同位素示踪法

所谓同位素就是指处在元素周期表中的同一个位置，在原子核内有相同质子数，但是中子数不同的一类核素。有些核素会因为它性质的不稳定而自发地衰变成新的核素，同时又放出一种或者多种的射线，比如α、β一、β十、γ、X射线等，这样的特殊性质被称为放射性。而具有放射性的核素被称为放射性同位素，不具有放射性的核素被称为稳定性同位素。

而同位素示踪法就是一种把同位素（放射性同位素或稳定性同位素）作为示踪物质，进而示踪观察研究对象的行为、特征的一种获取信息的方法，根据示踪物质同位素分为两类：稳定同位素示踪法以及放射性同位素示踪法。全世界第一个进行示踪实验的是诺贝尔化学奖得主匈牙利化学家George Charles de Hevesy。Hevesy首先在1923年应用天然放射性物质在豆科植物体内研究铅盐的分布以及转移。在这之后的1934年Jolit和Curie又发现了人造放射性物质，并在其后建立了生产方法，所有这些都为放射性同位素示踪方法的应用和发展提供了良好的基础。近些年同位素示踪法应用发展迅速，比如在生命科学研究、农业及畜牧业、工业生产、机械磨损测定、流体流速测定、合金结构分析、医学疾病诊断、超薄厚度的测定、溶解度的测定、化学反应的历程、环境污染的检查、水利学考察等方面都有较为广泛的应用。

因为同一原子的同位素物理以及化学性质存在差异，所以当某种元素的两个同位素以不同的比值分配到两种物质或物相中时，这个过程就叫作同位素分馏，在分馏的过程中，存在同位素质量的差越大，它的分馏值也会越大的情况，因为氢的氕和氘两个同位素在所有同位素中的质量差是最大的，所以在自然界的分馏过程中氢同位素分馏的现象是最明显的，这个特点特别有利于氢同位素分馏过程在地球化学中的研究。氢氧同位素在自然界中的分馏主要是水循环过程中的蒸发和凝结，所以对大气降水中的氢氧同位素的组成特点进行研究，能够指示降水水汽源地、揭示天气过程以及全球水循环过程等。氢氧同位素中，氕（^{1}H）和氘（^{2}H）作为氢的两种稳定同位素，两者的丰度有着很大差别，氘在自然界中的天然平均丰度仅为0.02%，而氕的天然丰度平均达到99.99%。氕（^{1}H）和氘(^2H)虽然作为同一分子,可是它们之间却有着明显的质量差,而这种质量差就会导致同位素分子在物理性质以及化学性质上存在差异,这种情况通常被叫作同位素效应,如 H_2O、D_2O 和 $H_2{}^{18}O$ 在密度、熔点以及蒸汽压等方面的性质上差异较大。^{16}O、^{17}O 和 ^{18}O 作为氧同位素是自然界中的 3 个主要稳定同位素,三者存在的比例在自然界中的差异很大,其中 ^{16}O 比例达到 99.76%,^{17}O 比例仅为 0.04%,而 ^{18}O 的比例是 0.20%(三者之间比例为 $^{16}O:^{17}O:^{18}O=500:0.2:1$)。

本书主要应用稳定同位素示踪的方法来确立水汽空间分布格局,并利用同位素衰减的方向来跟踪水汽输送路径。

2.2.4 HYSPLIT 模式

HYSPLIT (Hybrid-Single Particle Lagrangian Integrated Trajectory)模式是美国国家海洋与大气管理局(NOAA)空气资源实验室开发的混合单粒子拉格朗日积分传输扩散模式,该模式可以用来跟踪气流所携带的粒子或气体移动方向,可以实时预报模拟降水、风场形势及气团的移动轨迹[160]。该模式在模拟计算时,分为前向轨迹和后向轨迹两种模式,其中后向轨迹模式是指对到达研究终点之前的轨迹路径进行模拟[161]。HYSPLIT 可以进行在线或者单机使用,本次探究使用的是 HYSPLIT 单机版本进行后向轨迹的计算与绘制。

HYSPLIT 模式根据以下原理来计算[162]:HSYPLIT 中假定质点是随着风场而运动的,轨迹是质点在空间和时间上的积分,该粒子 t 时刻处于 $P(t)$ 位置,时间步长 Δt 后的位置 $P(t+\Delta t)$ 为(其中 V 为风速)

$$P(t+\Delta t)=P(t)+0.5[V(P,t)+V(P',t+\Delta t)]\Delta t \tag{2-5}$$

$$P'(t+\Delta t)=P(t)+V(P,t)\Delta t \tag{2-6}$$

式中,Δt 为步长,P' 为第一猜想位置,计算过程中对时间步长 Δt 的要求是:一个时间步长内气块的移动距离不超过 0.75 个网格距,即 $\Delta t<0.75U_{max}$(U_{max} 为最大风速,由气块上某时刻的最大迁移速度决定)。本书

选取的时间步长 Δt 为 6 h。HYSPLIT 模式采用的是地形 σ 坐标，输入的气象数据在水平方向上保持其原来的格式，而垂直方向上需要内插到地形追随坐标系统：

$$\sigma=\frac{Z_{\mathrm{top}}-Z_{\mathrm{mst}}}{Z_{\mathrm{top}}-Z_{\mathrm{gl}}} \tag{2-7}$$

式中，Z_{top} 为轨迹模式顶层高度，Z_{gl} 为地面高度，Z_{mst} 为坐标下边界高度。

2.2.5　SOFM 网络模式

本书选用了芬兰科学家科荷伦(T. Kohonen)在 1981 年研究的神经网络类型(自组织特征映射模式)，英文名称为 Self-Organizing Feature Map，英文简称 SOFM。该映射网络也叫 Kohonen 网络，自身具有比较强的自我适应学习能力。网络本身可以自动地无师自学，向周围环境学习。该映射网络具有两层拓扑结构，即输入层以及竞争层，见图 2-5。

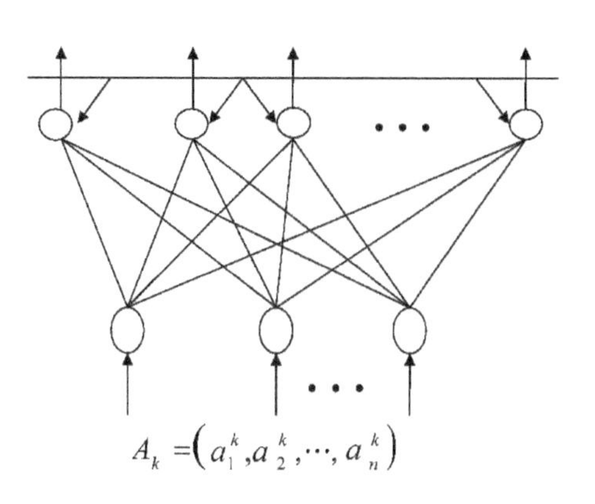

图 2-5　SOFM 结构图

SOFM 网络模式的工作原理如下：该网络在接受来自外界的输入模式时，通过自身运算就会分为不同类型区域，而且各区域对相同输入模式各自具有不一样的响应特征。简言之，输入模式存在着特征相近就会靠得比较近，特征差异大就会分得比较远的情况。还有，在各神经元联接权值并且相互调整过程中间，最相靠近的神经元会相互刺激，然而距离远的神经元会相互抑制，那么更远一些的神经元则有着比较弱的相互刺激作用。所有输入层输入的神经元都通过相互竞争以及自适应学习，共同形成了有序的空间神经结构，进而也就实现了输入矢量再到输出矢量空间之间的特征映射。而 SOFM 自我适应学习使网络节点都有选择地接受来自外界刺激模式具有的不同特性，也就提供了建立于检测特性之空间活动规律基础上的性能描述。总之 SOFM 的自我学习过程其实就是在某个特定的学习准则的具体指导下，一步步优化网络参数。从以上介绍可以看出，跟传统意义上的分类方法相比，自组织特征映射网络就是没有监督的一种分类方法，该方法形成的具体分类中心能够准确映射到曲面或者平面之上，而且还能保持它们的拓扑结构不发生变化。

3 雨季开始期及降水时空变化

作为气象服务工作的重要内容之一，雨季开始以及结束时间的监测对于农业中农作物的种植准备以及政府主管部门决策等都有着非常重要的参考价值。目前雨季的划分，一种方法是在定义雨季指标时同时考虑降水量变化和导致降水变化的原因，另一种方法是只用降水量的多少与变化作为判别指标。在全球气候变化的影响下，尽管有些地区的平均降水量在减少，但极端降水事件在大多数地区仍呈现出增多增强的趋势。降水的变化具有很强的区域性，分析实际观测资料发现，在不同区域降水的变化特征主要具有两种不同的类型：第一种类型为“强降水与弱降水增多，中等强度降水减少”，另一种类型为“强降水增多，中等强度或弱降水减少”，东亚地区就属于第二种类型。综上，对我国亚热带地区开展降水时空变化研究具有非常重要的现实意义。

本章应用16个气象台站1971—2016年的日降水数据，基于ArcGIS平台和Origin、Excel等软件分析了研究区雨季开始期的变化特征，以及整个雨季和单次强降水的降水时空格局、降水强度、降水日数，并对其构成和稳定性展开分析，辨识雨季开始期特征，阐明雨季降水时空格局；辨析雨季来临时间相位时空格局，探讨雨季降水构成特征（降水量、日数、强度）的年际、月变化趋势及不同等级降水强度对降水量贡献的分异特征，阐明雨季降水空间关联特征与演变规律。

3.1 数据来源及处理

3.1.1 数据来源与获取

1.数据来源

本书所用数据源自国家气象信息中心中国气象数据网(http://data.cma.cn/)发布实时更新的值日地面气象观测站点数据集[中国地面气候资料日值数据集(V3.0)]。这个数据集包括气温和降水量等8个要素的值日实测气象数据。并且该数据集所含数据经过权威部门反复质量检测以及修正,所有要素数据具备的实有率都在99%以上,所有数据正确率基本达到100%,因此数据可靠性非常好。

2.数据获取

本书采用从浏览器到网站再到利用Python编程来读取和转换的方式对数据进行下载获取,最终采集需要的完整数据。数据下载以及转换等基本流程如图3-1所示。

根据图3-1所示,为确保数据质量,根据数据源说明文件,对日降水量数据进行必要的预处理。首先检测长期连续缺测站点并予以剔除,然后将各台站1971—2016年中非连续缺测值或者异常值统一插补为零,并以此来开展雨季降水特征分析。虽然数据下载操作非常简单但是数据量非常大,下载又很费时间,为提高效率采取Python语言编程来对过程进行批处理操作,首先一次性地将文本中的各条链接按照文本信息进行提取,这个时候提取出的数据还都是文本格式。接着利用Python把文本数据导进数据库,最后依照各需要条件一条条输出成为Excel表的格式,从而获得各气象观测站点在所需要的时间段内单纯降雨的数据表格。

因研究数据量非常庞大,数据结构示例说明如下(表3-1)。

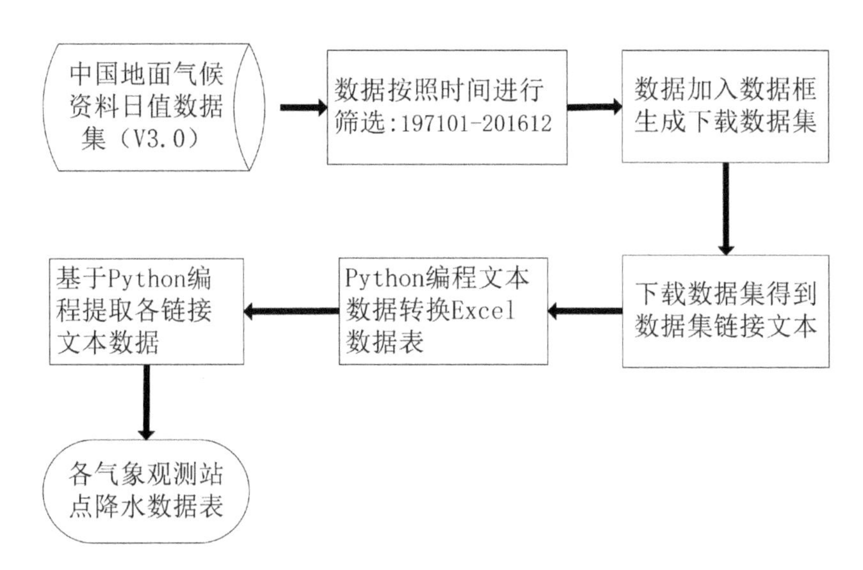

图 3-1　数据下载和转换流程

表 3-1　数据结构表

站点编号	1971—2016 年逐日数据			
56839	年份	月	日	降水量(mm)
56946	年份	月	日	降水量(mm)
56950	年份	月	日	降水量(mm)
56952	年份	月	日	降水量(mm)
56962	年份	月	日	降水量(mm)
56975	年份	月	日	降水量(mm)
56984	年份	月	日	降水量(mm)
56985	年份	月	日	降水量(mm)
56991	年份	月	日	降水量(mm)
59205	年份	月	日	降水量(mm)
59215	年份	月	日	降水量(mm)
59228	年份	月	日	降水量(mm)
59235	年份	月	日	降水量(mm)
59242	年份	月	日	降水量(mm)
59255	年份	月	日	降水量(mm)
59265	年份	月	日	降水量(mm)

3.1.2 数据突变检验

1.Mann-Kendall

基于 Mann-Kendall 做突变检验是目前常规使用的研判气象数据在时间序列发生变化趋势的做法，用于降水变化可测知其趋势是否显著，并研判突变点。突变检验原理：

假定原始时间序列是$y_1, y_2, \cdots, y_n$，m_i表示的是第 i 个样本，且y_i大于 $y_j(1 \leqslant j \leqslant i)$所有的累计数，从而定义统计量为

$$d_k = \sum_{n=1}^{k} m_i (2 \leqslant k \leqslant n) \tag{3-1}$$

假定存在原序列随机独立等情况，则统计量d_k的均值以及方差如下：

$$E(d_k) = \frac{k(k-1)}{4} \tag{3-2}$$

$$Var(d_k) = \frac{k(k-1)(2k+5)}{72} (2 \leqslant k \leqslant n) \tag{3-3}$$

把前述公式的d_k作标准化处理，得：

$$UF_k = \frac{d_k - E(d_k)}{\sqrt{Var(d_k)}} (k = 1, 2, 3, \cdots, n) \tag{3-4}$$

UF_k最终组合而成为一条 UF 曲线，那么通过信度检验就能够得出原始序列是否存在显著改变。将这个方法引入反序列计算，可以获得另外一条曲线UB_k，那么这两条曲线发生在置信区间中的交点就被确定是突变点。预先对显著性水平给予确定，$\alpha = 0.05$，则统计量UF_k以及UB_k的临界值就是± 1.96。如果$UF_k > 0$，那么就表明序列存在上升趋势；如果$UF_k < 0$，那么表明序列存在下降趋势；如果统计量UF_k以及UB_k在临界值之外，那么表明序列上升亦或者下降趋势显著，也即发生突变。

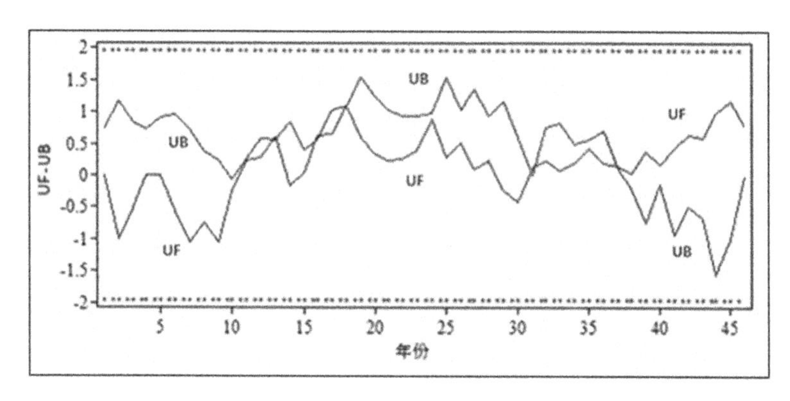

图 3-2 1971—2016 年研究区降水量 Mann-Kendall 突变检验

2.突变点分析

根据上述方法,对研究区 1971－2016 年降水数据进行分析,结果如图 3-2 所示。由图 3-2 可知,图中 UF 曲线跟 UB 曲线 46 年时间序列上有 9 处交点,UF 曲线与 UB 曲线虽然发生交叉但是整体变化并未超出预定临界值±1.96,这说明降水量在时间序列内无显著变化趋势,也就是说研究区在 1971－2016 年的降水量变化没有出现明显突变特征,数据可靠。

3.1.3 数据处理

1.基于 Python 语言的数据批处理

虽然数据下载操作非常简单但是数据量太大,下载又很费时间,为提高效率故利用 Python 编程的读取和转换方式对数据进行下载获取,最终采集需要的完整数据并转换,在统计分析数据中也均采用 Python 语言进行编程处理。通过浏览器到中国气象数据网下载的源数据只是所需要原始数据的一个网址链接,采取 Python 语言编程来对此过程批处理操作,首先一次性地将文本中的各条链接按照文本信息进行提取,这个时候提取出的数据还都是文本格式。接着利用 Python 把文本数据导进

MongoDB数据库,最后依照各需要条件一条条输出成为Excel表的格式,从而获得各气象观测站点在所需要的时间段内单纯降雨的数据并且逐个以Excel表的形式输出。在对所有降雨数据的分析中,均需要对所有气象观测站点数据统计数值进行计算,比如对4月、5月和整个雨季(4—10月)的数据进行分类,还有各个气象站点月值和年均值等的计算等,以上计算工作都利用Python语言编写程序完成并都进行了批处理操作。核心代码从略。

2.雨季开始界定

虽然典型亚热带季风区具有雨季的明显特征,但即使如此定出一个符合客观实际用于研究雨季开始的标准,也不是一件较为容易的事。有些研究将农业生产、天气形势及季风环流变化等作为确定每年雨季来临具体开始日期的依据[24-25,136]。但从实际出发,普遍公认的方法还是以降水量为依据来定义雨季开始期[20]。就研究区而言,从所谓干季转入雨季通常在不同地点或者同一个地点不相同的年份都会存在差异,有可能在4月下旬或者5月的上中旬、下旬,甚至6月上旬都有可能,这就造成了雨季开始期存在比较大的差异。综合上述分析,考虑研究区东西跨度范围广等问题,本书采用秦剑[89]雨季开始期的标准,具体内容如下:从3月21日开始到7月30日,自日雨量大于等于多年平均日雨量三倍之日起,以后连续5 d、10 d、一个月的降水相对系数$C \geqslant 1$,则第一天作为雨季开始日。具体计算方法如下:

$$C_N = R_N / (N * \bar{R} / 365) \tag{3-5}$$

式中:C_N为N天的降水相对系数,可为候、旬、月;R_N为N天的降水量,$\bar{R}$为1971—2016年年平均降水量。

具体过程如下,以候尺度为例,从3月21日开始到7月30日,首先确定日雨量大于等于多年平均日雨量三倍之日,从该日起计算之后连续

5 天的降水相对系数 $C_{候}$，如果 $C_{候} \geqslant 1$，则确定为候尺度雨季开始日。同理，分别计算旬、月尺度雨季开始日，以候、旬、月尺度降水相对系数均大于等于 1 的第一天作为雨季开始日。

3.降水特征统计

中国气象局降水等级划分标准规定，24 小时内，降水量 0.1～9.9 mm 为小雨，10～24.9 mm为中雨，25～49.9 mm为大雨，大于等于50 mm则为暴雨。本研究按照该标准分别统计各等级降水量、降水日数、降水强度（各级降水总量与相应级别的降水日数之比）以及其变异系数，以此来探讨中国亚热带季风区雨季降水量构成及稳定性特征，并结合雨季开始期来综合揭示中国亚热带季风区雨季降水空间关联特征与演变规律。

3.2　雨季开始期及其变化趋势

3.2.1　多年雨季开始期及其变化趋势

依据雨季开始期的标准，并基于 ArcGIS 平台和 Origin 等软件统计雨季开始时间在不同站点的差异后落实到 DEM 图上（图 3-3），图 3-4 表示研究区各观测站点雨季开始期的概率统计情况，柱状是 25 和 75 分位数，最上和最下分别代表最大值和最小值，中间横线代表中位数，方框代表平均数。由图 3-3 和图 3-4 可以看出，研究区雨季开始时间区域差异较大，但均从东、西两个方向呈现出一定的变化规律。

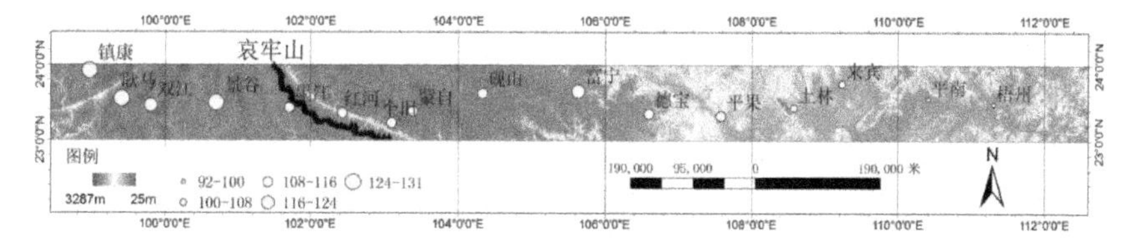

图 3-3　典型样带雨季开始期多年平均空间格局

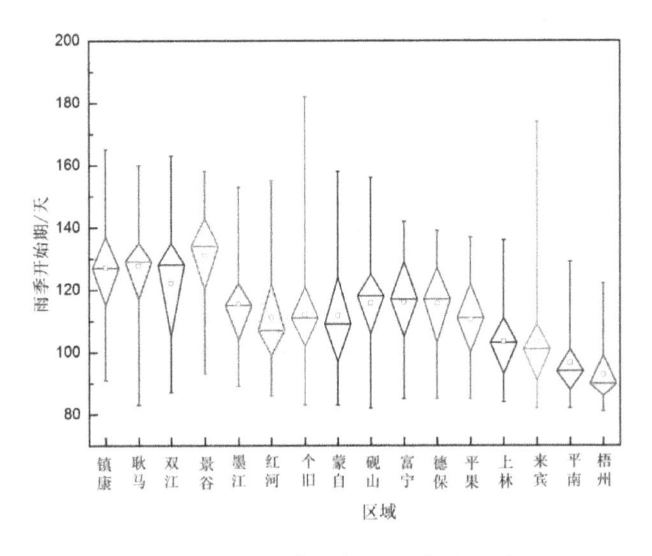

图 3-4　典型样带雨季开始期概率统计

哀牢山以西地区的镇康、耿马、双江和景谷等 4 个地区雨季开始期较晚，大约集中在 4 月末或 5 月初，并且存在由西向东增加的态势，而哀牢山以东地区的梧州、平南、来宾、上林、平果、德保（宝）、富宁等 7 个地区雨季开始时间较早，大致时间在 3 月末与 4 月，且呈现雨季开始时间从东向西依次增加的现象。另有其他几个地区比较特殊，哀牢山附近的墨江、红河、个旧、蒙自以及砚山等 5 个地区的雨季开始时间早于哀牢山东部相邻地区，也早于哀牢山西部相邻地区，并且雨季开始期显示以红河为中心，从蒙自和墨江分别向红河一带，其开始时间出现提前的趋势。纵观以上分析，可以得出哀牢山附近可能是样带雨季开始时间区域划分的分界线，雨季开始时间有一个自东向西和自西向东变化的特点，这一结论与王裁云等[163]的研究结果相同，这可能与我国亚热带地区东南夏季风和印度夏季风影响有关。

3.2.2　雨季开始期年际变化特征

为进一步分析研究区典型样带雨季开始期的时空差异，本书进一步分析了样带 16 个站点 1971—2016 年雨季开始时间变化趋势。如图3-5

所示，哀牢山以西地区的镇康、耿马、双江和景谷雨季开始时间出现小幅提前态势，其中景谷变化速率最大，可达 2.8 天/10 年，而墨江雨季开始时间却呈现出推迟的现象。相比之下，哀牢山以东地区的梧州、平南、来宾、上林、平果、德保(宝)、富宁等 7 地区均出现不同程度的推后趋势，尤其是富宁，推迟速率为 5 天/10 年，而红河、个旧、蒙自以及砚山却展现出提前的趋势，这可能与气候变化背景下东南夏季风和印度夏季风活动强弱有关。研究预示着哀牢山东西地区的雨季开始时间呈现出明显的差异现象，可能与气流运动的特征或者其活动规律有关，同时也在一定程度上预示着空间态势一致的地区可能受制于相同的大气运动。

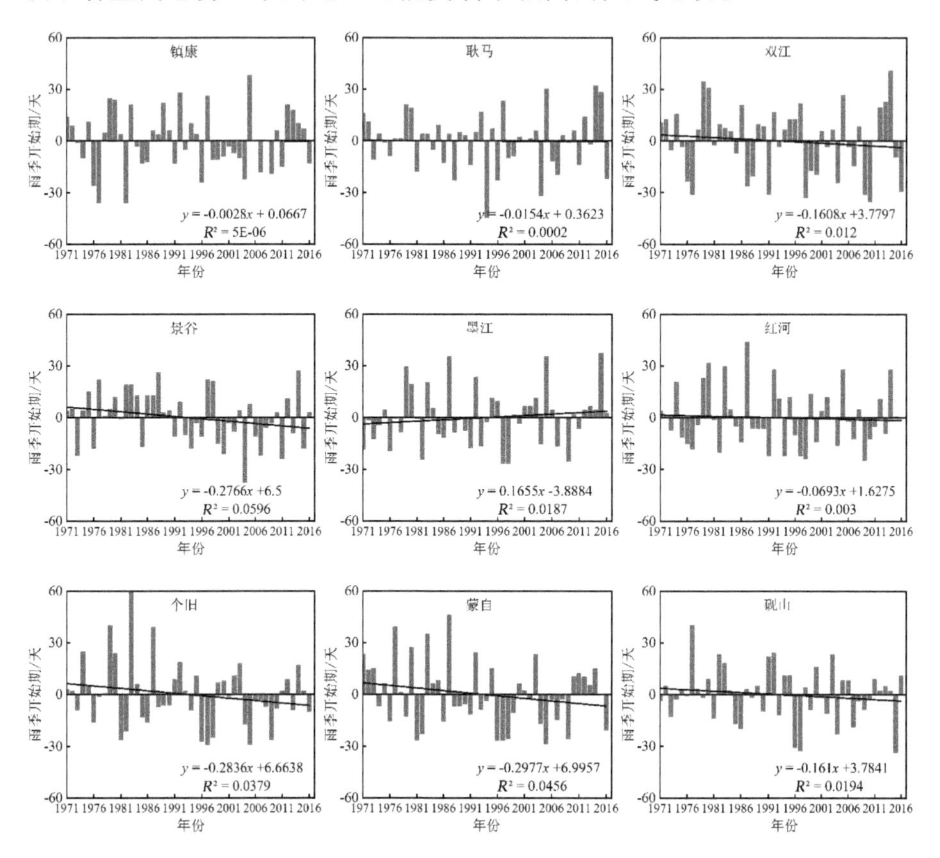

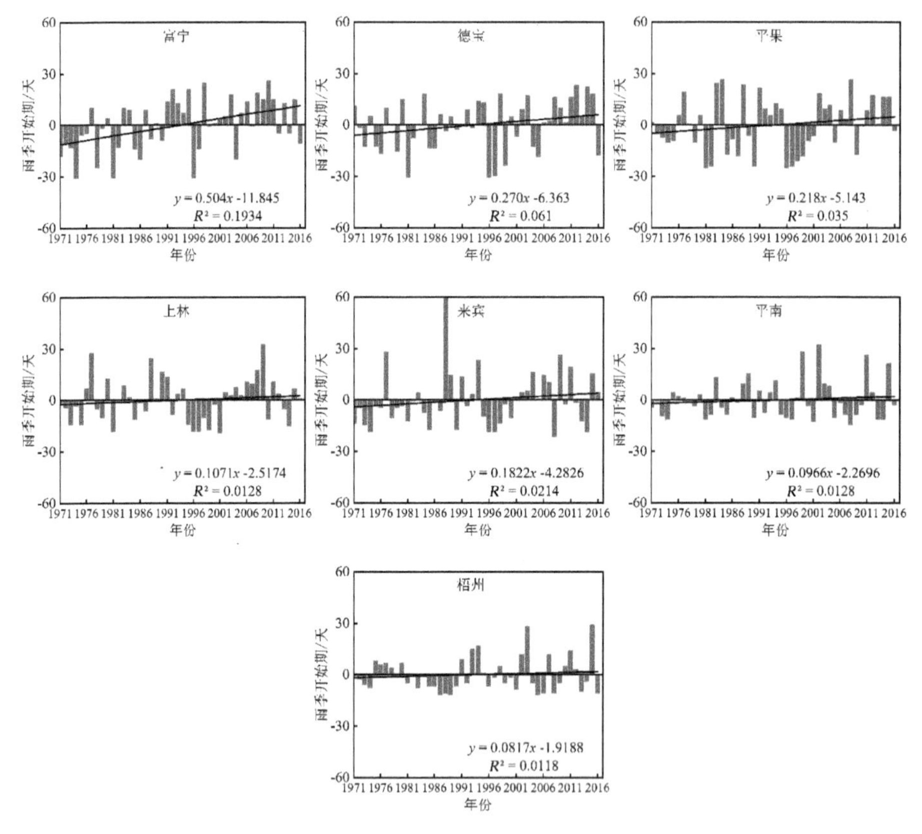

图 3-5　1971—2016 年典型样带雨季开始期变化趋势特征

3.3　雨季降水特征

3.3.1　降水变化与格局

按照中国气象局统计标准分别统计各等级降水量、降水日数、降水强度(各级降水总量与相应级别的降水日数之比)以及其变异系数，以此来探讨中国亚热带季风区雨季降水量构成及稳定性特征，并结合雨季开始期来综合揭示中国亚热带季风区雨季降水空间关联特征与演变规律。

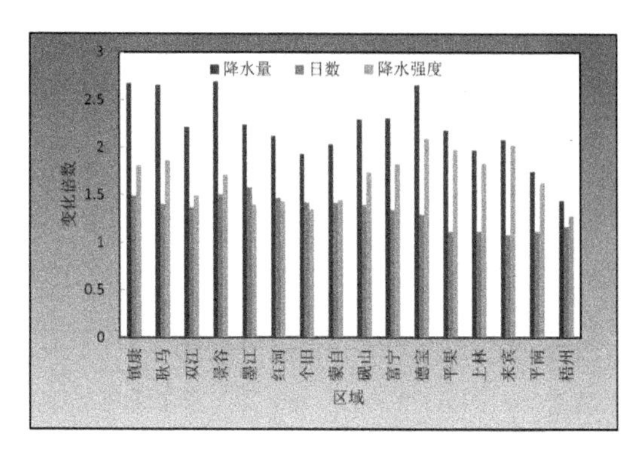

图中各地区从左到右依次为降水量、日数、降水强度

图 3-6 典型样带 4 月到 5 月降水特征变化幅度

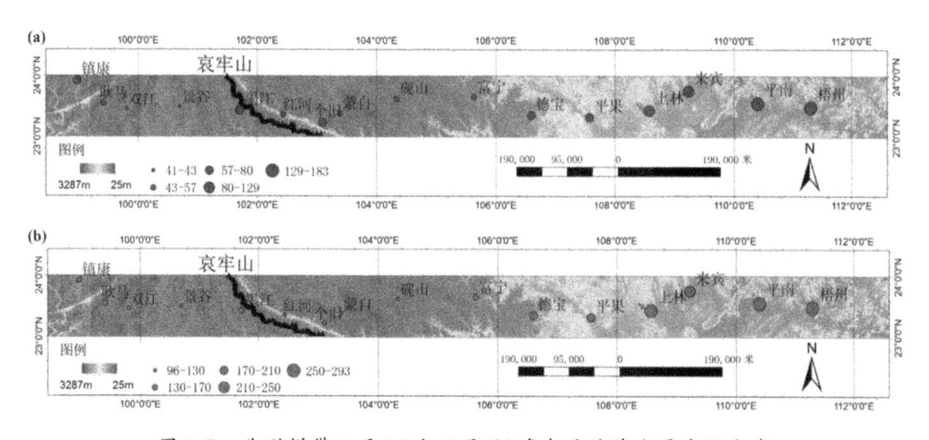

图 3-7 典型样带 4 月(a)和 5 月(b)多年平均降水量空间分布

研究区 4 月和 5 月降水量空间分布特征显示,雨季降水量呈明显的带状分布,哀牢山以东地区降水量较大,且由东向西递减,而哀牢山以西地区降水量较小,但呈现由西向东递减的现象(图 3-7)。4 月,研究区东部地区降水量较大,梧州和平南地区降水量可达 167～184 mm,向西递减至砚山、蒙自地区可达 48～50 mm,哀牢山附近的墨江、红河以及个旧等地降水量稍大,约为 53～63 mm,而镇康、耿马、双江和景谷等地降水量依次从61 mm减少到41 mm。5 月降水量格局与 4 月基本一致,但降水量均呈现出不同程度增加,尤其是镇康、耿马、双江、景谷与墨江等地,增加幅度在 1.2 至 1.7 倍之间(图 3-6)。

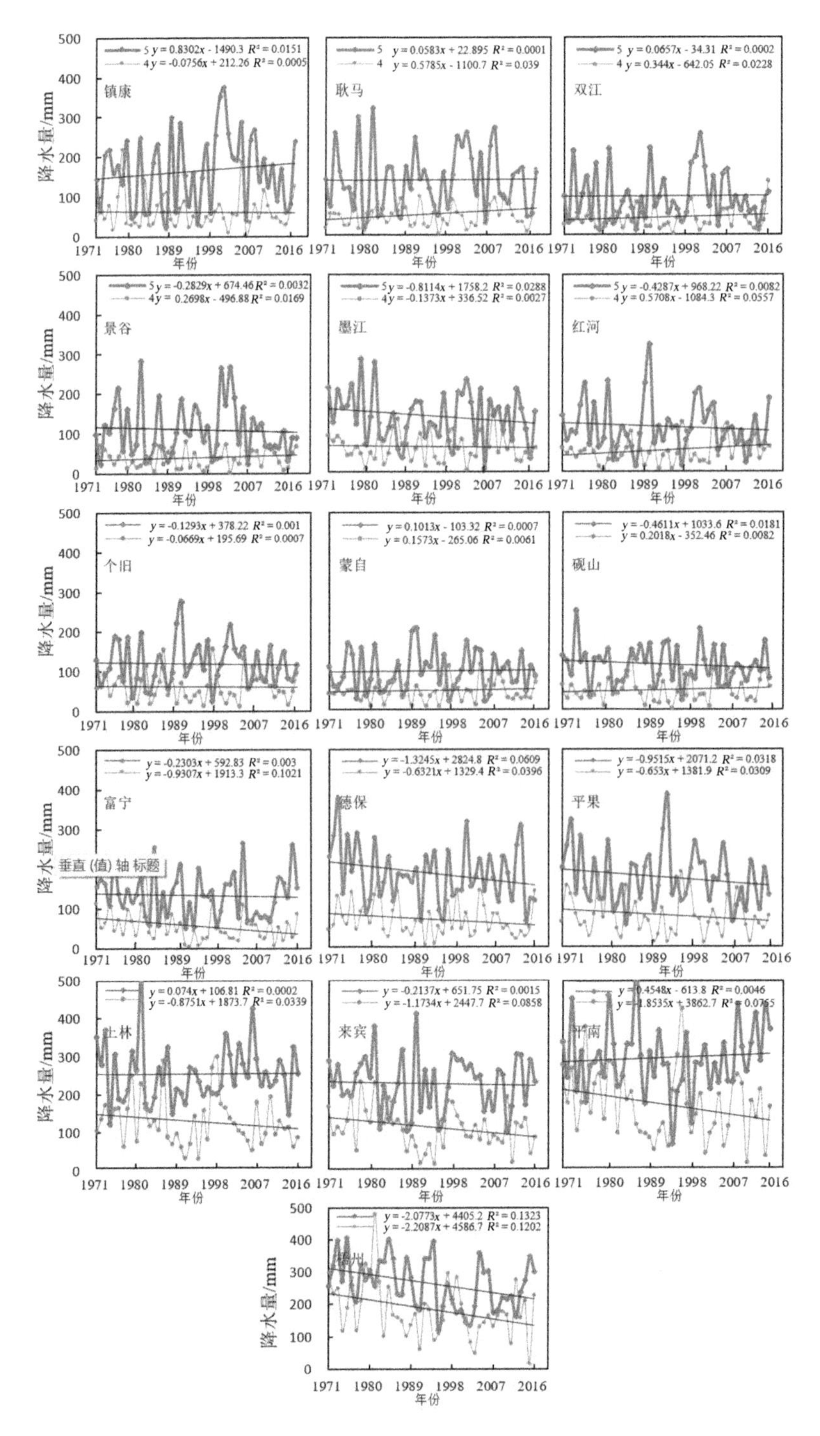

图 3-8　典型样带 4 月和 5 月降水量年际变化

从研究区雨季降水量年际变化图(图 3-8)中可以看出,各地区降水量变化趋势差异较大,但一些地区降水量也表现出一定的相似性特征。如 4 月镇康、耿马、双江、景谷以及墨江分别在 1977 年、1982 年、1987 年、2004 年和 2009 年降水量较大,而红河、个旧、蒙自以及以东地区降水量变化规律类似;1986 年、1997 年、2004 年降水量较大,但是期间年降水量较小。在 5 月,镇康、耿马、双江、景谷、墨江、红河、个旧以及蒙自降水量变化规律类似,70 年代末降水量较大,1999 年至 2004 年有一个降水量高峰,而砚山以东地区降水量变化规律差异较大。

同一时期降水量年际变化的相似性在一定程度上说明该区可能受同种大气运动的影响,而 4 月与 5 月降水量规律的空间变化在一定程度上反映了大气运动的更替。

3.3.2　降水日数时空分异

雨季降水日数变化规律与降水量时空变化特征基本一致(图 3-9)。具体而言,4 月,研究区东部地区降水日数较大,梧州和平南地区降水日数分别为 17 天和 18 天,向西递减至砚山、蒙自地区的 10 天左右,哀牢山以西的镇康、耿马、双江和景谷等地降水日数较少,由 12 天减少到 10 天,而墨江与个旧降水日数稍大于两侧区域,可能与地形抬升导致降水增加有关。相比之下,5 月,研究区降水日数变化较大,整体上西部和中部地区降水日数增加比较明显,而德保(宝)以东地区增幅较小,镇康、耿马等地降水日数基本与平南、梧州相当(图 3-10)。

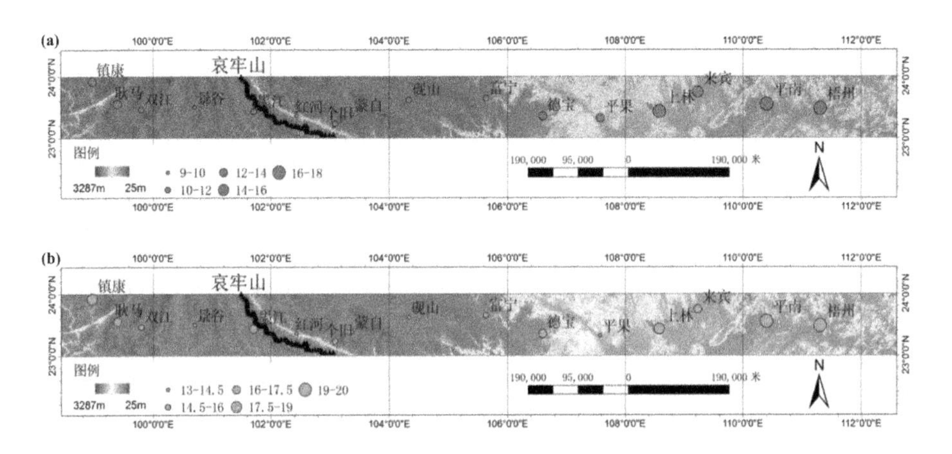

图 3-9 典型样带 4 月(a)和 5 月(b)降水日数多年平均空间分布特征

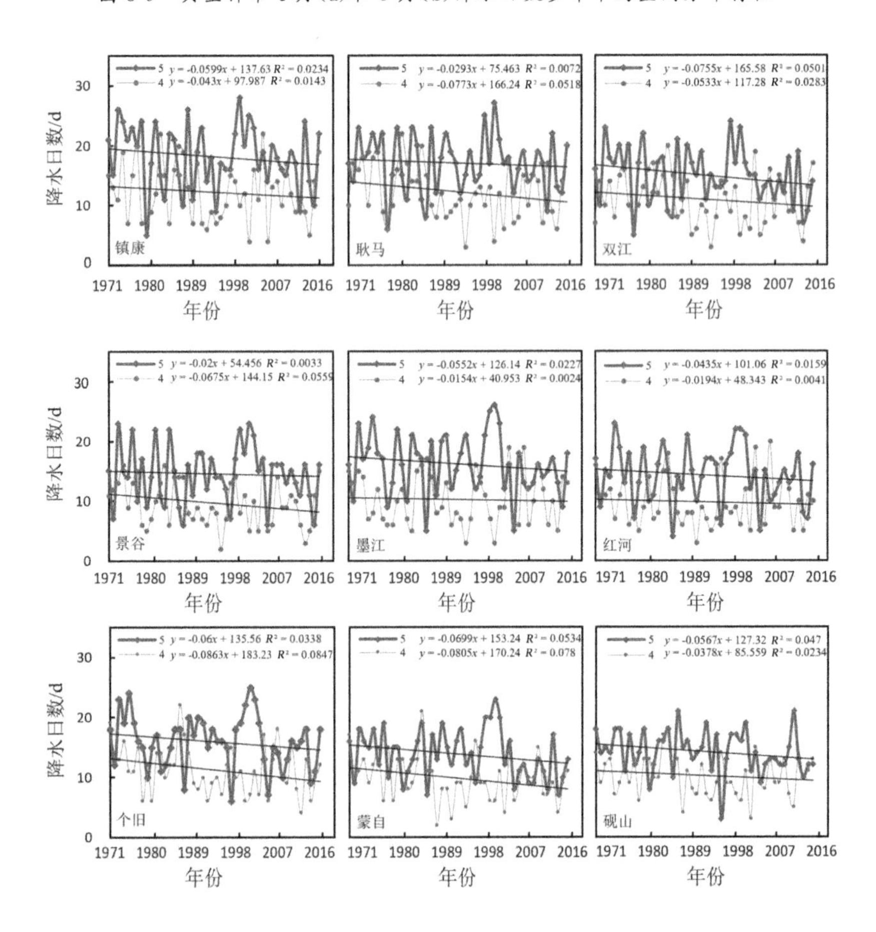

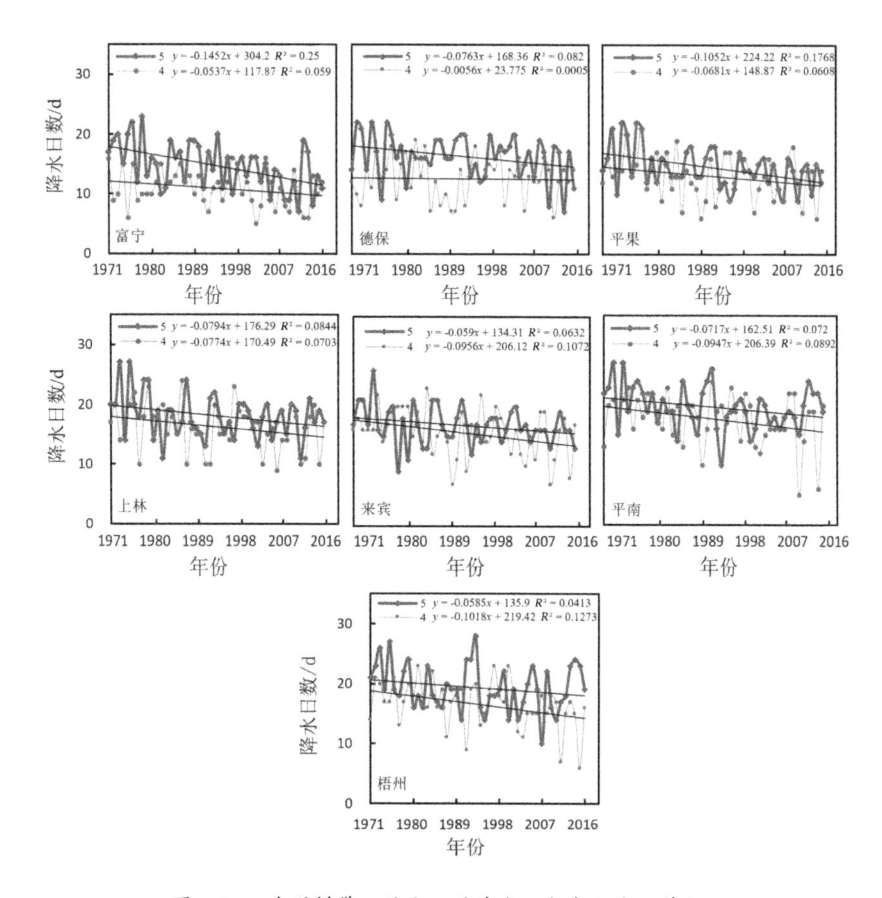

图 3-10 典型样带 4 月和 5 月降水日数年际变化特征

在雨季降水日数年际变化方面，全区 4、5 月降水日数均出现不同程度减少趋势，尤其是个旧以及其以东地区最为典型(图 3-10)。4 月镇康、耿马、双江、景谷降水日数年际变化基本相同，1977 年、1982 年、1983 年、1986 年、2004 年等降水日数较多，而 1979 年、1995 年、2005 年以及 2014 年降水日数较少；同期墨江、红河、个旧、蒙自、砚山、富宁及德保(宝)降水日数变化过程相似，即 1977 年、1986 年、2004 年降水日数较多，1975 年、1980 年、1989 年、2001 年、2005 年、2012 年和 2014 年降水日数较少；平果以及以东地区降水日数变化大体相同，尤其在 2011 和 2015 年。在 5 月，镇康、耿马、双江、景谷、墨江、红河、个旧、蒙自甚至砚山降水日数变化规律比较一致，1999 年附近有一个降水日数高峰，1971 年至 1972 年降水日数减少，而 2015 年至 2016 年降水日数增加。富宁至梧州地区降水日数在 1971 年至 1980 年起伏较大，呈现较为明显的三峰三谷特点，且 2015 年至 2016 年降水日数减少。

3.3.3 降水强度年际变化特征

雨季降水强度变化规律与降水量时空变化基本相似（图 3-11）。4 月，研究区东部地区降水强度较大，梧州和平南地区降水强度为 10 mm/天，向西递减至砚山、蒙自地区的5 mm/天，哀牢山以西的镇康、耿马、双江和景谷等地降水强度较小，由4.8 mm/天减小到4.2 mm/天，而墨江与个旧降水强度仍然稍大于两侧。相比之下，5 月，降水强度变化较大，整体上西部和中部地区降水强度增加幅度较小，而来宾至砚山一带增加约在 0.7～1.1 倍之间，镇康、耿马等地降水强度也在 0.8 倍左右，但墨江、红河、个旧和蒙自增加幅度较小（图 3-11）。

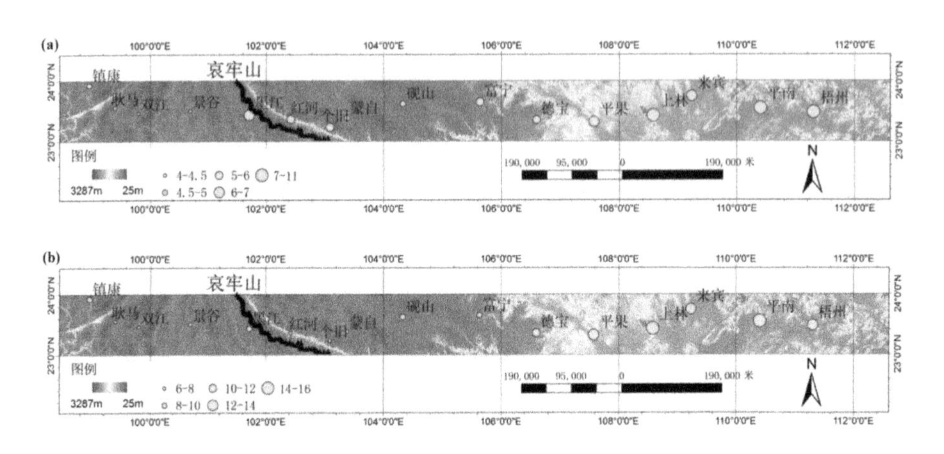

图 3-11 典型样带 4 月(a)和 5 月(b)降水强度多年平均空间分布特征

图 3-12 表示不同地区降水强度随时间的变化规律。如图所示，尽管不同地区降水强度年际波动差别较大，但镇康、耿马、双江、景谷、墨江、红河、个旧、蒙自和砚山等地 4、5 月降水强度基本呈现增强的趋势，尤其是 4 月。富宁以东地区，4 月降水强度均表现出减弱的趋势，但 5 月份降水

强度变化趋势差异较大，并没有表现出一致的变化特征。图中临近地区的降水强度变化的相似趋势在一定程度上反映了该区域大气运动的表现形式(图 3-11、3-12)。

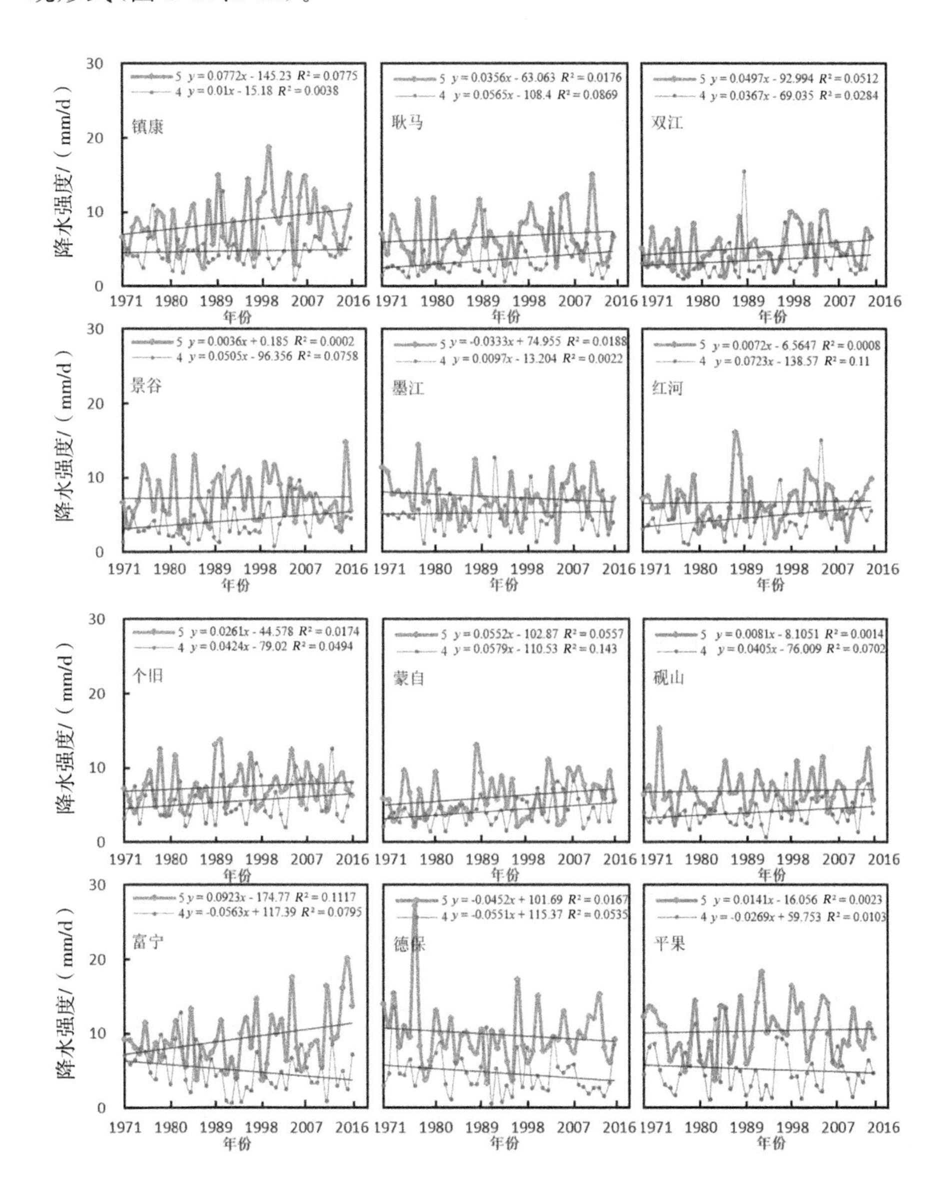

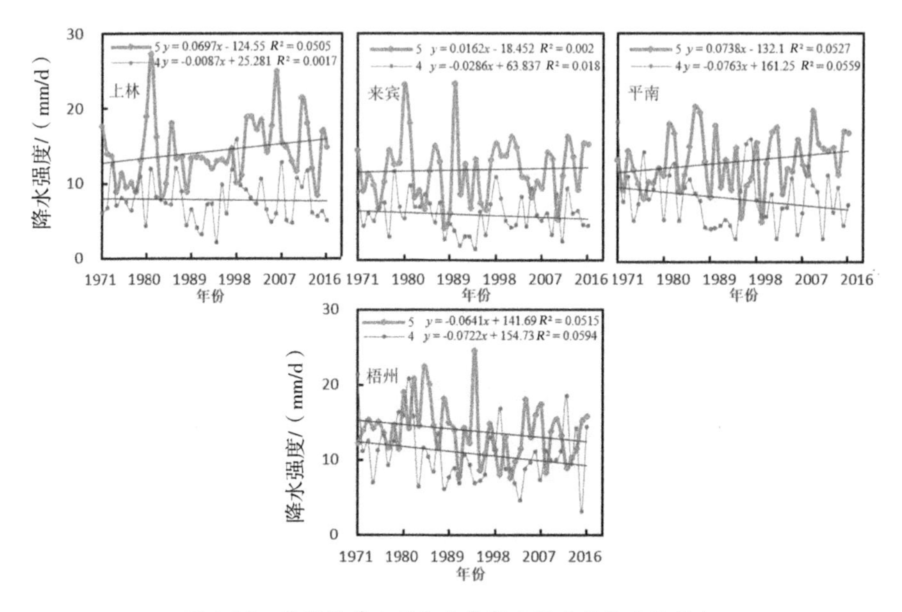

图 3-12　典型样带 4 月和 5 月降水强度年际变化特征

3.3.4　降水的构成与稳定性分析

研究区 4 月份降水量构成以及空间变化差异较大(图 3-7、图 3-13、3-14 和表 3-2)。镇康至景谷，小雨、中雨量贡献较大，分别占同期降水量的 46%和 31%以上，且空间上呈现不同程度的减少态势，分别从28.69 mm 减少到19.59 mm，从19.88 mm减少至14.37 mm，大雨和暴雨量比例较小，尤其是暴雨。相比之下，墨江、红河至砚山一带中雨和小雨量分别在 22 mm左右，且两者贡献基本相当，占同期降水量的 80%以上，暴雨比例依然很小。然而，从梧州至富宁大雨和暴雨量贡献较大，其中，梧州、平南、上林等地大雨量超过其他等级降水，同时，暴雨量贡献也有很大幅度增加，部分地区增至 20%以上。

降水量稳定性空间差异较大，总体上东部降水量稳定性高于西部地区，镇康至景谷地区变异系数为 0.68～0.75 之间，而东部地区基本在0.65以下，且随着降水强度的增加，降水量稳定性逐渐降低(表 3-2、图 3-14)。

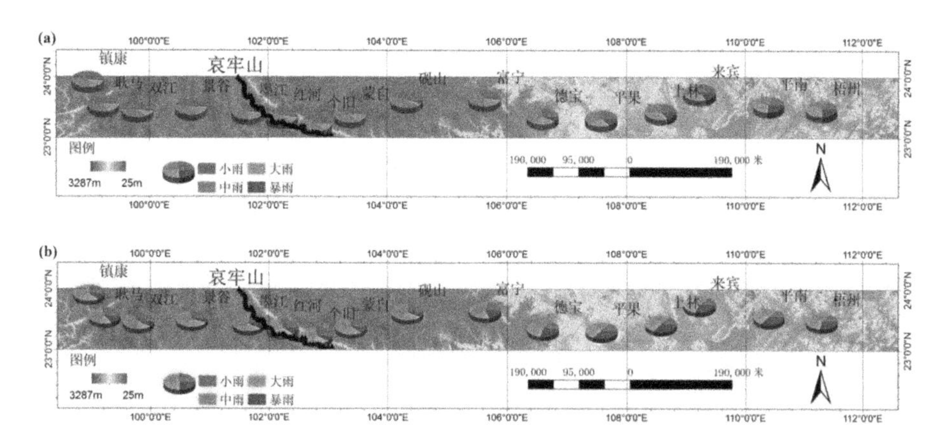

图 3-13 典型样带不同等级降水 4 月(a)、5 月(b)多年平均构成空间格局

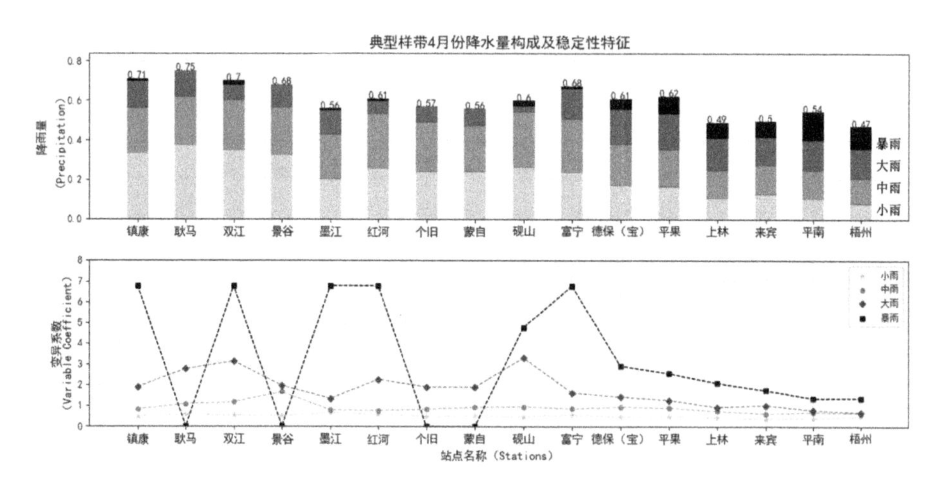

图 3-14 典型样带 4 月降水量构成及稳定性特征

表 3-2 典型样带 4 月降水量构成及稳定性特征

区域	百分比				变异系数				
	小雨	中雨	大雨	暴雨	小雨	中雨	大雨	暴雨	总降水
镇康	46.54%	32.26%	19.30%	1.90%	0.49	0.83	1.90	6.78	0.71
耿马	50.27%	31.95%	17.77%	0.00%	0.57	1.09	2.76	0.00	0.75
双江	50.47%	35.96%	11.01%	2.56%	0.53	1.17	3.13	6.78	0.70
景谷	47.76%	35.02%	17.22%	0.00%	0.50	1.66	1.96	0.00	0.68
墨江	35.79%	40.23%	22.19%	1.79%	0.66	0.79	1.34	6.78	0.56

续表

区域	百分比				变异系数				
	小雨	中雨	大雨	暴雨	小雨	中雨	大雨	暴雨	总降水
红河	42.14%	45.07%	10.51%	2.28%	0.57	0.76	2.26	6.78	0.61
个旧	41.88%	43.86%	14.26%	0.00%	0.48	0.83	1.90	0.00	0.57
蒙自	42.58%	41.36%	16.07%	0.00%	0.50	0.92	1.89	0.00	0.56
砚山	44.18%	45.50%	4.94%	5.38%	0.48	0.95	3.30	4.77	0.60
富宁	35.14%	39.42%	23.09%	2.36%	0.54	0.85	1.62	6.78	0.68
德保(宝)	28.22%	34.05%	28.71%	9.03%	0.46	0.94	1.42	2.91	0.61
平果	25.64%	31.15%	28.87%	14.34%	0.49	0.89	1.26	2.55	0.62
上林	21.97%	28.34%	33.71%	15.98%	0.43	0.74	0.94	2.09	0.49
来宾	24.72%	29.46%	29.34%	16.48%	0.37	0.62	1.02	1.73	0.50
平南	18.96%	25.78%	28.65%	26.61%	0.41	0.68	0.79	1.35	0.54
梧州	15.82%	27.22%	32.73%	24.23%	0.46	0.64	0.67	1.36	0.47

图3-13、图3-15、表3-3显示5月降水量构成及稳定性空间分布特征。5月,镇康至富宁等地中雨量贡献较大,高于同期其他等级降水量,约占同期降水量的三分之一,这些地区小雨和大雨比例仅次于中雨,暴雨量仅为10%左右。相比之下,德保(宝)至梧州大雨和暴雨所占比例较大,其中平南、上林和平果暴雨量贡献高于其他类型降水,约占同期降水量的30%以上,该地区小雨量所占比例一般在15%以下,而中雨所占比例约在21%~27%之间。随着降水强度的增加,降水量稳定性逐渐降低。就稳定性空间分布特征来看,小雨稳定性东西差异不大,大体在0.33~0.52之间,而中雨变异系数则呈现明显的西高东低的特征,镇康至红河变异系数基本在0.63~0.84之间,而其东部大部分地区中雨变异系数在0.50左右。大雨和暴雨稳定性空间格局与中雨类似(表3-3、图3-15)。

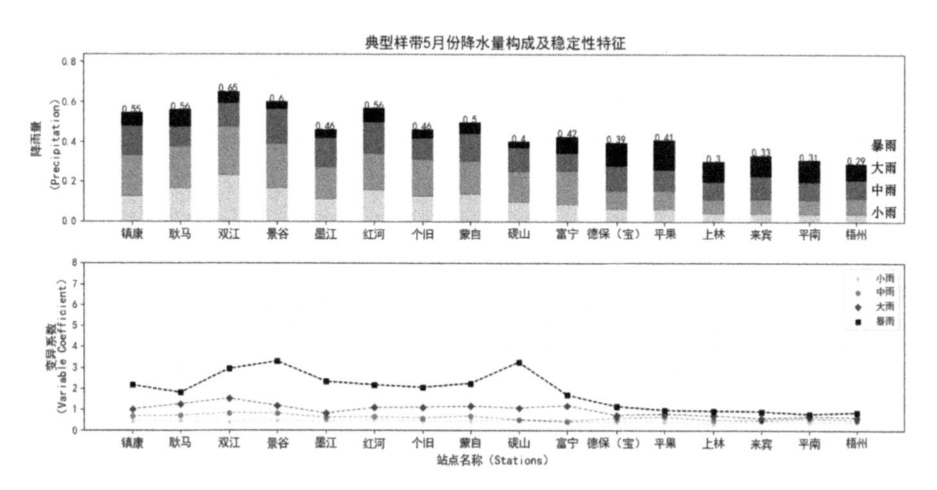

图 3-15　典型样带 5 月降水量构成及稳定性特征

表 3-3　典型样带 5 月降水量构成及稳定性特征

区域	百分比				变异系数				
	小雨	中雨	大雨	暴雨	小雨	中雨	大雨	暴雨	总降水
镇康	23.08%	37.37%	27.39%	12.15%	0.44	0.68	1.02	2.16	0.55
耿马	28.81%	37.57%	18.48%	15.13%	0.46	0.72	1.26	1.81	0.56
双江	34.53%	38.44%	18.04%	8.98%	0.42	0.84	1.53	2.94	0.65
景谷	27.94%	37.32%	29.05%	5.69%	0.49	0.82	1.19	3.30	0.60
墨江	24.04%	34.67%	32.19%	9.10%	0.44	0.63	0.83	2.34	0.46
红河	27.51%	31.93%	28.51%	12.05%	0.52	0.67	1.10	2.18	0.56
个旧	26.97%	39.73%	23.38%	9.93%	0.44	0.59	1.12	2.07	0.46
蒙自	27.11%	33.40%	28.47%	11.02%	0.45	0.69	1.17	2.26	0.50
砚山	24.10%	37.75%	30.05%	8.10%	0.50	0.51	1.09	3.26	0.40
富宁	20.14%	39.73%	20.55%	19.58%	0.39	0.45	1.19	1.71	0.42
德保(宝)	15.77%	22.95%	31.50%	29.78%	0.42	0.58	0.73	1.15	0.39
平果	14.47%	23.30%	25.99%	36.25%	0.41	0.65	0.79	0.97	0.41
上林	13.19%	22.64%	29.42%	34.75%	0.33	0.50	0.71	0.94	0.30
来宾	12.49%	21.69%	34.31%	31.51%	0.44	0.50	0.59	0.91	0.33
平南	12.37%	22.21%	29.00%	36.42%	0.40	0.57	0.67	0.79	0.31
梧州	13.25%	26.89%	31.97%	27.90%	0.39	0.50	0.63	0.86	0.29

表 3-4 和图 3-16 所示，4 月至 5 月研究区各地区降水量增加，其中大

雨和暴雨量增加幅度较大，尤其是暴雨，如镇康、墨江、红河以及富宁暴雨量增加幅度达10倍以上，大雨、暴雨量在空间上表现为砚山、富宁及其以西地区增幅大，以东地区增幅小的特点。小雨与中雨量增幅相对较小，但墨江及其以西地区增量明显高于其东部地区。4月至5月研究区降水量稳定性增强，中雨、大雨和暴雨量稳定性增强幅度高于小雨。

表3-4　典型样带4月至5月降水量及稳定性变化特征

区域	降水量变化				变异系数变化				
	小雨	中雨	大雨	暴雨	小雨	中雨	大雨	暴雨	总降水
镇康	32.59%	209.77%	279.60%	1612.64%	−9.79%	−17.98%	−46.15%	−68.09%	−22.05%
耿马	52.07%	212.00%	175.94%		−20.05%	−34.37%	−54.47%		−25.41%
双江	51.25%	136.31%	262.15%	675.15%	−19.43%	−28.44%	−51.10%	−56.66%	−7.40%
景谷	57.67%	187.09%	354.55%		−2.22%	−50.89%	−39.06%		−11.15%
墨江	50.67%	93.23%	225.35%	1041.47%	−32.43%	−20.99%	−38.39%	−65.52%	−19.09%
红河	38.70%	50.55%	476.41%	1022.64%	−9.22%	−12.30%	−51.30%	−67.82%	−7.90%
个旧	24.54%	75.17%	217.05%		−7.82%	−28.99%	−40.91%		−19.36%
蒙自	29.51%	64.23%	260.30%		−10.54%	−25.35%	−37.79%		−9.84%
砚山	25.26%	90.55%	1296.55%	245.78%	3.88%	−46.53%	−66.98%	−31.59%	−32.87%
富宁	32.27%	132.54%	105.38%	1813.99%	−27.48%	−47.21%	−26.21%	−74.81%	−37.25%
德保(宝)	48.63%	79.20%	191.67%	777.12%	−9.42%	−37.98%	−48.62%	−60.55%	−36.41%
平果	23.03%	63.04%	96.23%	451.10%	−17.00%	−26.66%	−37.34%	−62.04%	−34.06%
上林	18.13%	57.16%	71.66%	327.92%	−22.62%	−33.17%	−24.90%	−54.95%	−39.47%
来宾	5.15%	53.17%	143.26%	297.74%	18.06%	−20.32%	−42.02%	−47.65%	−34.34%
平南	13.76%	50.29%	76.53%	138.80%	−2.78%	−16.56%	−14.53%	−41.16%	−42.77%
梧州	20.47%	42.10%	40.54%	65.64%	−16.87%	−21.77%	−5.88%	−36.69%	−37.68%

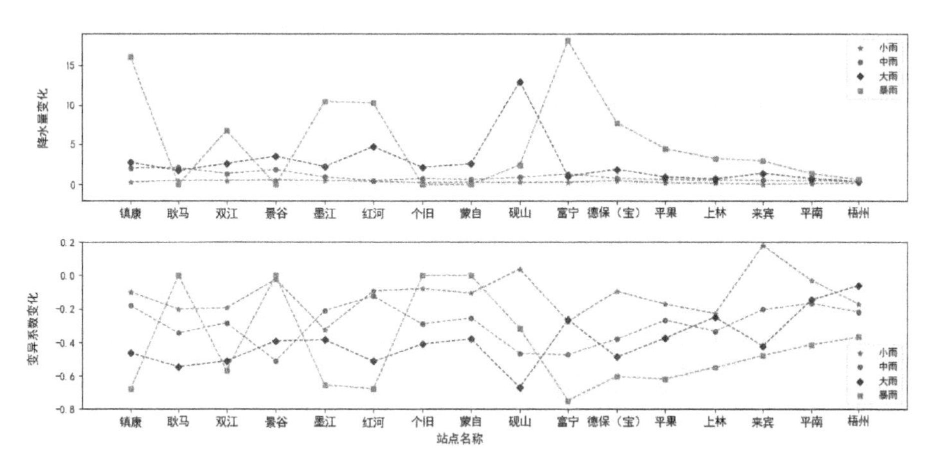

图 3-16 典型样带 4 月至 5 月降水量及稳定性变化特征

研究区 4 月降水日数空间变化差异较大(图 3-17、图 3-18 和表 3-5),小雨降水日数较多,平均约 10 天,中雨日数次之,平均不足 2 天,两者约占降水日数的 95%以上。空间上,镇康至景谷等地小雨日数比例较高,波动于 85.71%～88.67%之间,墨江至来宾等地小雨日数比例基本在 80.00%左右,东部的平南和梧州小雨日数比例较小。梧州至德保(宝)中雨日数比例从 18.37%逐渐降至 11.92%,富宁至墨江中雨日数比例稍高,这可能与山地效应有关。景谷至镇康中雨日数占比波动为 9.74%～11.43%。总体上东部降水日数稳定性高于西部地区,砚山及其以西地区降水日数变异系数超过 0.33,而其东部地区基本在 0.28 以下,且随着降水强度的增加,降水日数波动性增加(表 3-5、图 3-18)。

表 3-5 典型样带 4 月降水日数构成及稳定性特征

区域	百分比				变异系数				
	小雨	中雨	大雨	暴雨	小雨	中雨	大雨	暴雨	总降水
镇康	85.71%	11.43%	2.68%	0.18%	0.38	0.82	1.83	6.78	0.40
耿马	88.24%	9.80%	1.96%	0.00%	0.39	1.10	2.67	0.00	0.37
双江	88.67%	9.74%	1.39%	0.20%	0.41	1.09	3.09	6.78	0.39
景谷	87.61%	10.14%	2.25%	0.00%	0.43	1.65	1.92	0.00	0.40
墨江	79.57%	16.17%	4.04%	0.21%	0.46	0.74	1.31	6.78	0.42

续表

区域	百分比				变异系数				
	小雨	中雨	大雨	暴雨	小雨	中雨	大雨	暴雨	总降水
红河	81.25%	16.74%	1.79%	0.22%	0.45	0.75	2.20	6.78	0.42
个旧	81.04%	16.25%	2.71%	0.00%	0.39	0.79	1.82	0.00	0.35
蒙自	83.37%	13.97%	2.66%	0.00%	0.42	0.89	1.88	0.00	0.39
砚山	82.94%	15.78%	0.85%	0.43%	0.32	0.97	3.28	4.74	0.33
富宁	82.47%	13.35%	3.98%	0.20%	0.27	0.88	1.66	6.78	0.27
德保(宝)	82.38%	11.92%	4.84%	0.86%	0.30	0.92	1.36	2.90	0.27
平果	81.97%	11.69%	5.01%	1.34%	0.32	0.83	1.18	2.51	0.28
上林	75.70%	14.50%	8.19%	1.61%	0.25	0.69	0.87	1.88	0.24
来宾	79.33%	13.13%	5.87%	1.68%	0.25	0.60	1.00	1.70	0.25
平南	73.80%	14.88%	8.00%	3.32%	0.25	0.65	0.77	1.32	0.24
梧州	67.32%	18.37%	10.63%	3.67%	0.26	0.60	0.68	1.32	0.23

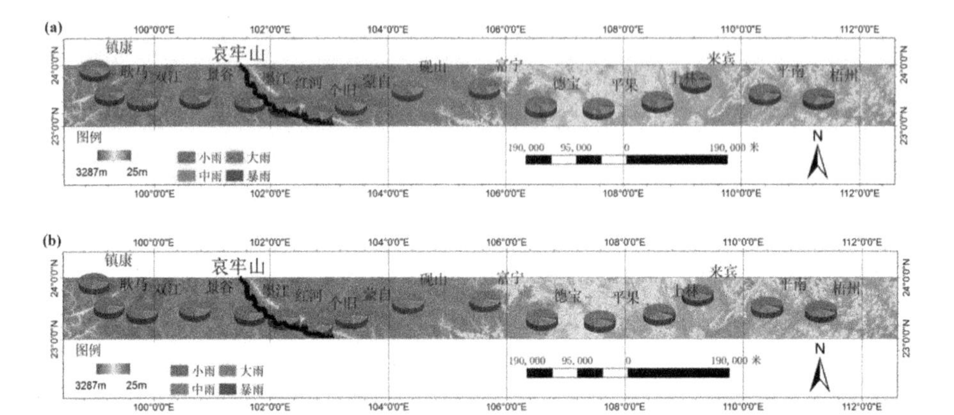

图 3-17　典型样带不同等级降水 4 月(a)、5 月(b)多年平均降水日数构成空间格局

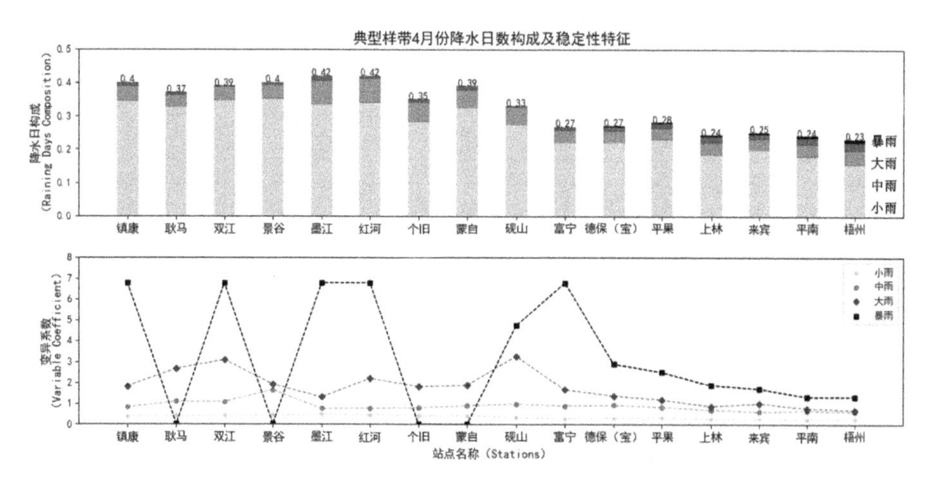

图 3-18　典型样带 4 月降水日数构成及稳定性特征

图 3-17、图 3-19 和表 3-6 显示 5 月降水日数特征。5 月，高强度降水日数比例增加，中雨、大雨以及暴雨分别增至 18.80％、8.13％和3.10％，其中中雨日数比例地区间差异不大，但大雨和暴雨表现为德保（宝）、平果、上林、来宾、平南和梧州明显高于其他地区，而小雨日数构成明显低于其他地区。随着降水强度的增加，降水日数稳定性逐渐降低。就空间特征来看，小雨日数稳定性东西差异不大，大体在 0.30 左右，而中雨、大雨和暴雨日数变异系数呈现明显的西高东低的特征（表 3-6、图 3-19）。

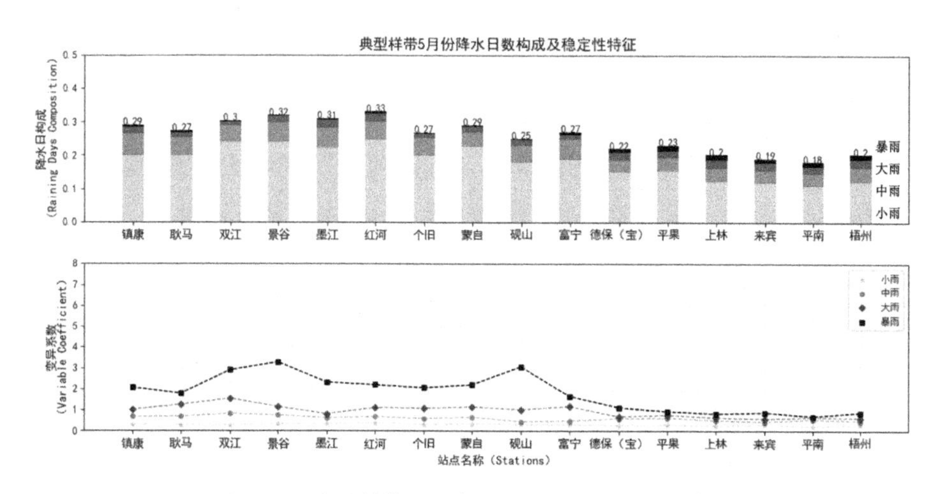

图 3-19　典型样带 5 月降水日数构成及稳定性特征

表 3-6　典型样带 5 月降水日数构成及稳定性特征

区域	百分比				变异系数				
	小雨	中雨	大雨	暴雨	小雨	中雨	大雨	暴雨	总降水
镇康	69.30%	21.58%	7.43%	1.68%	0.30	0.67	1.02	2.06	0.29
耿马	73.50%	20.13%	4.71%	1.66%	0.27	0.68	1.25	1.78	0.27
双江	79.54%	16.11%	3.63%	0.73%	0.27	0.82	1.54	2.90	0.30
景谷	74.96%	18.14%	6.30%	0.60%	0.34	0.75	1.15	3.28	0.32
墨江	71.79%	18.89%	8.10%	1.21%	0.33	0.62	0.81	2.32	0.31
红河	75.30%	16.16%	6.86%	1.68%	0.37	0.67	1.11	2.19	0.33
个旧	74.08%	19.37%	5.32%	1.23%	0.31	0.59	1.08	2.05	0.27
蒙自	77.52%	15.09%	6.13%	1.26%	0.34	0.66	1.14	2.20	0.29
砚山	72.32%	19.57%	7.19%	0.92%	0.32	0.45	1.02	3.07	0.25
富宁	70.22%	21.93%	5.33%	2.52%	0.29	0.49	1.17	1.65	0.27
德保(宝)	68.89%	16.15%	10.41%	4.54%	0.27	0.59	0.69	1.12	0.22
平果	66.97%	17.27%	9.16%	6.61%	0.29	0.62	0.76	0.93	0.23
上林	61.61%	20.22%	11.67%	6.50%	0.26	0.51	0.64	0.83	0.20
来宾	63.08%	18.39%	12.82%	5.70%	0.28	0.44	0.58	0.88	0.19
平南	60.62%	20.02%	12.28%	7.08%	0.24	0.55	0.65	0.70	0.18
梧州	59.66%	21.80%	12.81%	5.73%	0.28	0.48	0.62	0.88	0.20

4 月至 5 月研究区降水日数变化差异较大(表 3-7、图 3-20),其中大雨和暴雨日数增加幅度较大,尤其是暴雨,如镇康、墨江、红河以及富宁暴雨日数增加幅度达 8 倍以上,而耿马、景谷、个旧以及蒙自也实现从无到有的转变,且空间上呈现砚山、富宁及其以西地区增幅大,以东地区增幅小的特点。小雨与中雨日数增幅相对较小,样带东部的平果、上林、来宾和平南等地小雨日数不及 4 月份,各地区中雨日数均有所增加,尤其是样带西部的镇康、耿马、双江、景谷,甚至墨江。4 月至 5 月,除砚山、富宁、上林、来宾和梧州地区小雨日数稳定性减弱外,研究区降水日数稳定性均呈增强态势,中雨、大雨和暴雨日数稳定性增强幅度高于小雨。

表 3-7 典型样带 4 月至 5 月降水日数及稳定性变化特征

区域	降水日数变化				变异系数变化				
	小雨	中雨	大雨	暴雨	小雨	中雨	大雨	暴雨	总降水
镇康	20.42%	181.25%	313.33%	1300.00%	−21.55%	−19.04%	−44.61%	−69.58%	−26.97%
耿马	16.57%	187.27%	236.36%		−30.82%	−37.96%	−53.34%		−27.19%
双江	22.87%	126.53%	257.14%	400.00%	−34.25%	−25.08%	−50.21%	−57.31%	−22.30%
景谷	28.53%	168.89%	320.00%		−19.98%	−54.29%	−40.03%		−18.27%
墨江	42.25%	84.21%	215.79%	800.00%	−28.25%	−15.25%	−38.42%	−65.85%	−26.76%
红河	35.71%	41.33%	462.50%	1000.00%	−17.54%	−10.09%	−49.67%	−67.67%	−21.80%
个旧	29.59%	69.05%	178.57%		−21.01%	−24.30%	−40.35%		−22.38%
蒙自	31.12%	52.38%	225.00%		−20.17%	−25.64%	−39.56%		−25.52%
砚山	21.59%	72.97%	1075.00%	200.00%	1.17%	−53.06%	−68.83%	−35.25%	−24.03%
富宁	14.49%	120.90%	80.00%	1600.00%	10.18%	−44.63%	−29.22%	−75.68%	−2.21%
德保(宝)	8.18%	75.36%	178.57%	580.00%	−9.56%	−36.29%	−49.30%	−61.30%	−20.15%
平果	−9.16%	64.29%	103.33%	450.00%	−9.48%	−25.35%	−35.05%	−62.86%	−18.56%
上林	−9.22%	55.56%	59.02%	350.00%	4.11%	−25.96%	−26.35%	−56.00%	−16.14%
来宾	−14.26%	51.06%	135.71%	266.67%	10.93%	−26.53%	−42.18%	−48.27%	−25.52%
平南	−8.67%	49.59%	70.77%	137.04%	−4.32%	−15.51%	−16.08%	−46.94%	−24.19%
梧州	3.51%	38.57%	40.74%	82.14%	7.28%	−19.11%	−9.05%	−33.52%	−13.66%

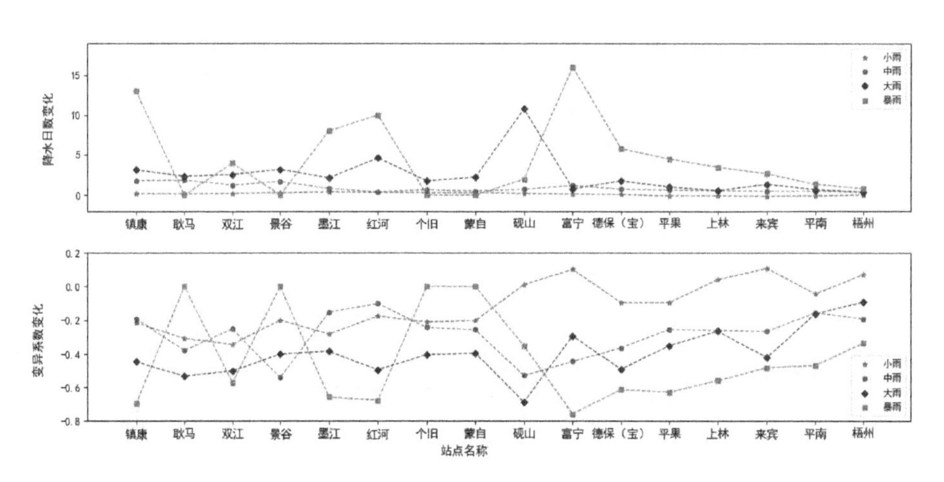

图 3-20 典型样带 4 月至 5 月降水日数及稳定性变化特征

3.4 基于CMFD的雨季降水特征协同分析

中国区域高时空分辨率地面气象要素驱动数据集(CMFD)是中国科学院(CAS)青藏高原研究所研究出的气象以及环境因子数据集。这个成果应用Princeton和GLDAS以及GEWEX-SRB等辐射数据,与TRMM提供的降水数据,并融合中国气象局日常站点观测资料,数据集具备时间指标3小时和水平空间指标0.1°的分辨率精度,并且包含了地面降水率等的7个子集数据[175]。

本研究应用CMFD内1979—2015年降水数据,对研究区雨季降水量变化、空间格局、降水日数时空分异、降水强度年际变化、降水稳定性等特征进行计算,对地面观测站点数据研究结论进行协同分析,以期验证研究科学性。

3.4.1 降水变化与格局

研究显示,1979—2015年4月平均降水量呈现以哀牢山附近的蒙自、个旧、红河为界,以此向东、向西逐渐增加的变化规律,其中东部的上林、来宾、平南和梧州等地降水量较大,可达200 mm以上。相比之下,5月各地降水量均有所增加,降水量格局与4月基本一致。结合图3-21、图3-22、图3-23分析发现,从4月至5月哀牢山以东区域降水量呈现由东向西的逐步递减的变化过程,而哀牢山以西区域降水量表现出由西向东的逐步减小的趋势,这意味着该区具有不同方向的水汽输送过程。

反映在空间分布上的同一时期降水量年际变化的相似性在一定程度上说明区域可能受同种大气运动的影响,而4月与5月降水量规律的空间变化在一定程度上直观反映出了大气运动的更替。

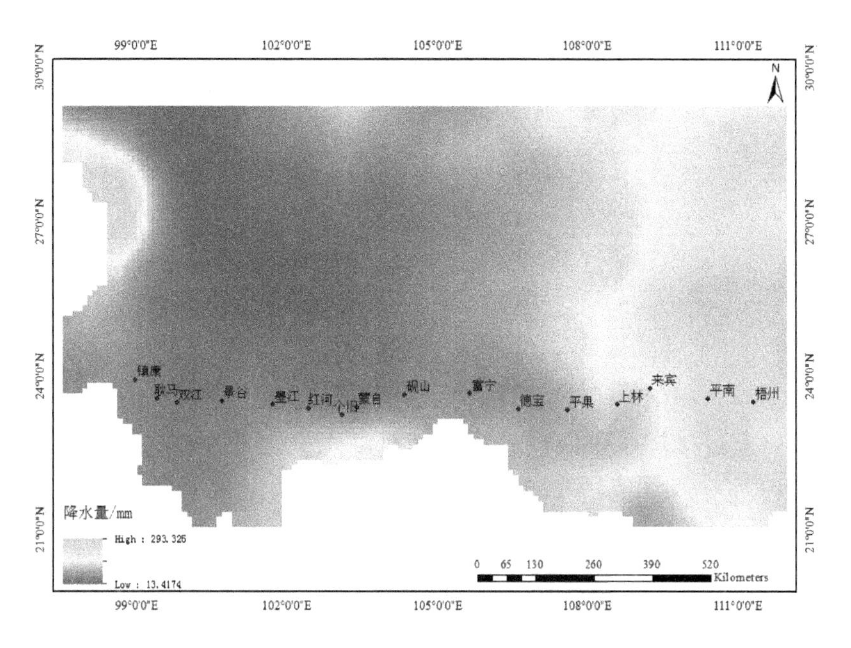

图 3-21 1979—2015 年 4 月平均降水量空间分布

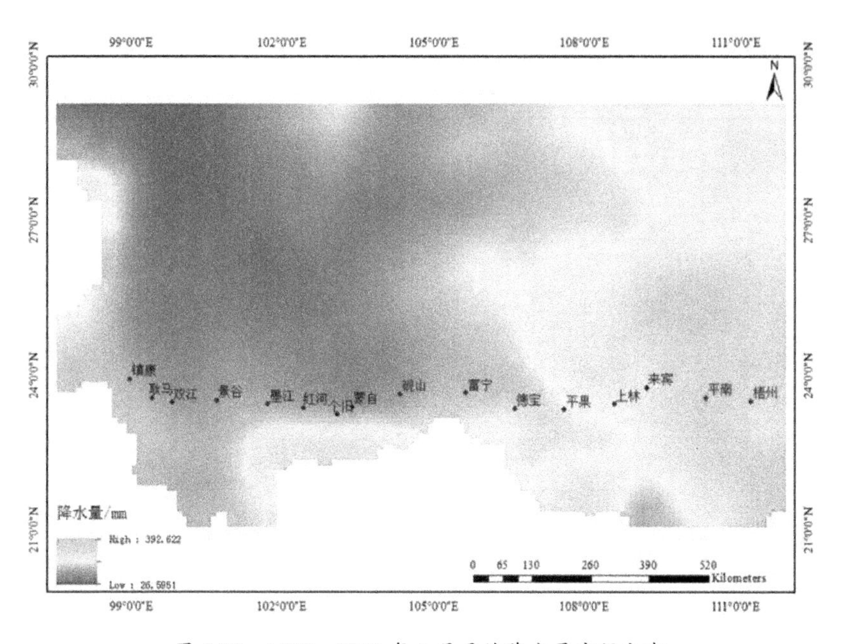

图 3-22 1979—2015 年 5 月平均降水量空间分布

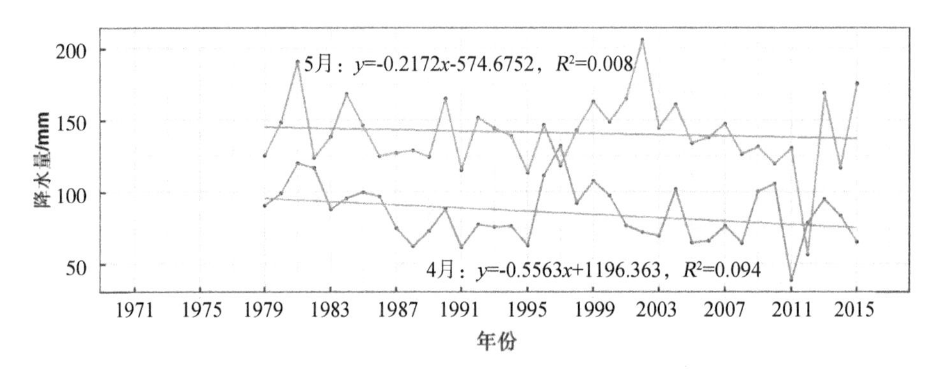

图 3-23　1979—2015 年 4 月和 5 月降水量变化趋势

从降水量多年变化趋势上看，4、5 月降水量波动较低，且 5 月降水量高于 4 月（图 3-23），原因可能是自 5 月以来全区进入雨季。空间上，1979—2015 年 4 月降水量大致以富宁为界呈现出西部增加、东部减少的态势（图 3-24）。5 月降水量变化空间格局与 4 月差异较大，表现为云南、广西南部地区减少而北部增加，以及云南、广西中间南北向大致呈现出一条降水减少区域地带（图 3-25）。

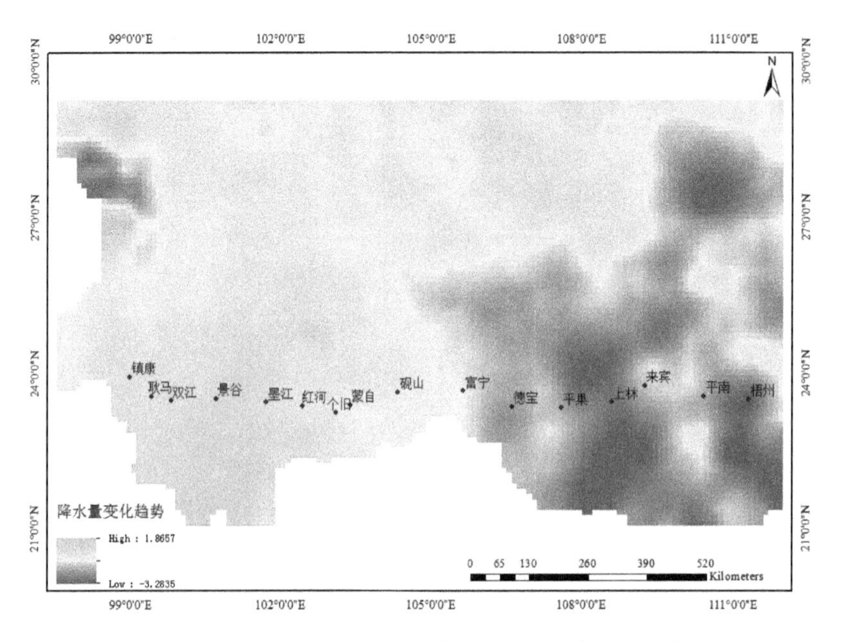

图 3-24　1979—2015 年 4 月降水量变化趋势空间分布

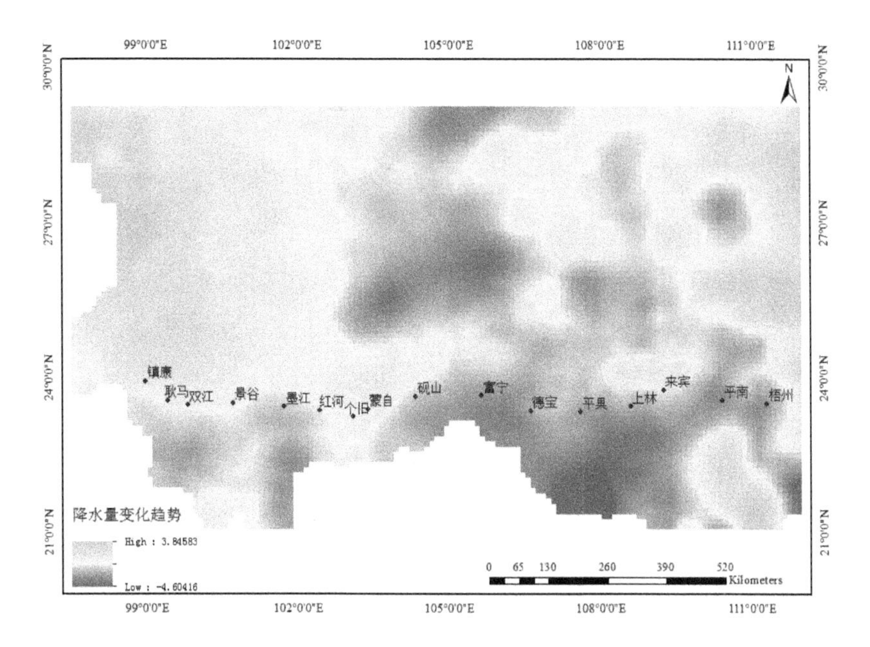

图 3-25 1979—2015 年 5 月降水量变化趋势空间分布

研究区整个雨季降水量多年变化趋势如图 3-26 所示，雨季降水量年际变化很大，基本呈现出十年周期变化规律图 3-27 表明云南附近地区降水变化基本呈现逐渐减少趋势，广西地区降水量变化呈现增大趋势，且越往研究区东部来宾、平南、梧州等地升高越快，这可能与东部地势较为平坦，易于受从东向而来的季风影响有关。

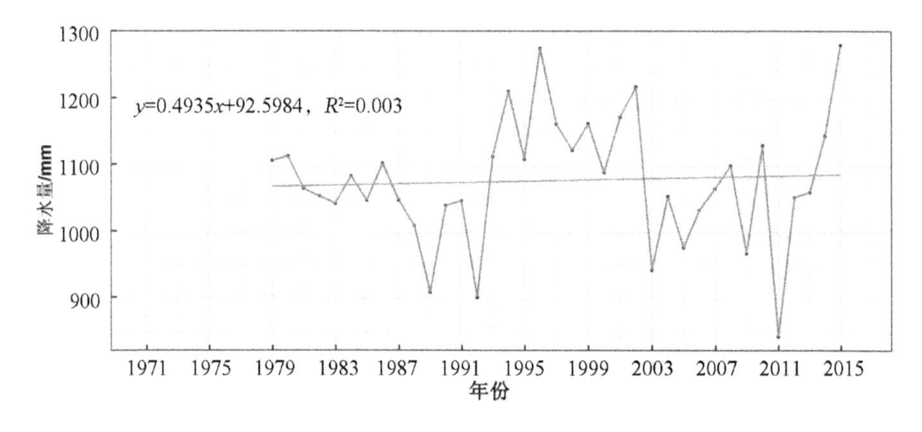

图 3-26 1979—2015 年雨季降水量变化趋势

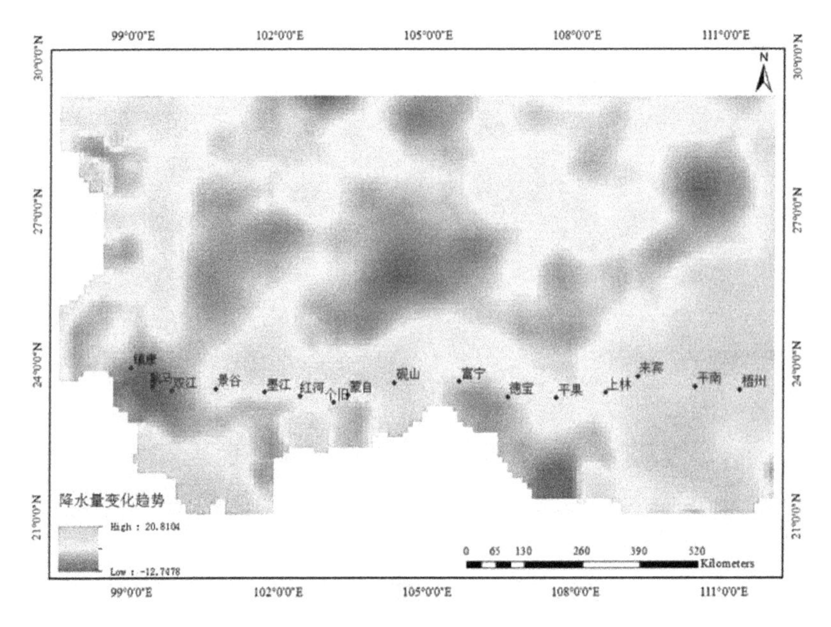

图 3-27　1979—2015 年雨季降水量变化趋势空间分布

为了直观验证研究区降水变化趋势，并与全国降水变化趋势进行契合，本书专门对全国范围降水气候倾向率进行了计算分析。首先从国家气象数据网获取降水量逐日数据资料，为与 CMFD 数据时间相匹配，数据选用 1979－2015 年全国范围内的 495 个站点资料，应用 Python 语言编程分别对 4 月、5 月和 4－10 月降雨量数据整理，求算回归系数以及气候倾向率，并根据计算结果以及站点在空间上的分布情况，在 ArcGIS 平台通过插值计算，获得我国大陆地区降水量倾向率的空间分布格局。

根据我国大陆地区降水量倾向率格局情况，36 年里 4 月以及 5 月我国降水量倾向率变化不大(波动范围在－236 mm/10a～67 mm/10a和－69 mm/10a～239 mm/10a)。4－10 月变化波动较大(波动范围在－645 mm/10a～1022 mm/10a)，由雨季全国降水量倾向率空间分布情况来看，我国绝大多数区域降水量倾向率是增加的，这表明在过去 36 年里雨季降水整体呈现增加态势，最大值约为1022 mm/10a，集中在福建、广东一带地区，最小值－645 mm/10a，集中在华南西部和华中地区，区域性特征比较明显。而本研究区所在的云南、广西一带，其气候倾向率的空间分布格局与基于CMFD数据的降水量变化趋势空间分布基本一致，且与全国趋势相统一，体现季风以及地形影响强烈。

对比图3-21、图3-22、图3-23、图3-24可以看出4月研究区降水量变化趋势大致呈现出西部增加、东部减少的态势。5月降水量变化空间格局与4月差异较大，自四川、重庆、贵州到云南、广西一带，呈现出一条“L”型降水量气候倾向率减少区域，而云南、广西地区整体表现为南部地区减少而北部增加的趋势。整个雨季降水趋势基本表现为云南附近地区降水变化逐渐减少趋势，且地区内减小趋势为中部最快，向四周变弱，广西地区降水量变化呈现增大趋势，且越往研究区东部升高越快，其原因可能是东部地势较为平坦，易受从东向而来的季风影响。

综上所述，基于CMFD数据的降水趋势分析与基于地面气象站点观测的全国范围降水趋势相一致，两者存在高度契合。

3.4.2 降水日数时空分异

1979—2015年，全区4、5月降水日数呈现显著减少趋势，尤其在4月，降水日数减少速率达1.4天/10年(图3-28)。从空间上来看，4、5月全区降水日数整体减少，蒙自、砚山附近为界，其以东地区4月减少明显，以西地区5月减少较为剧烈。

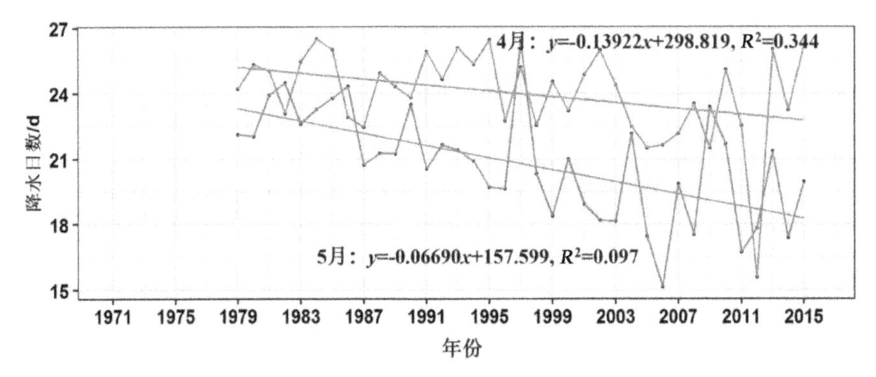

图3-28 1979—2015年4月和5月降水日数变化趋势

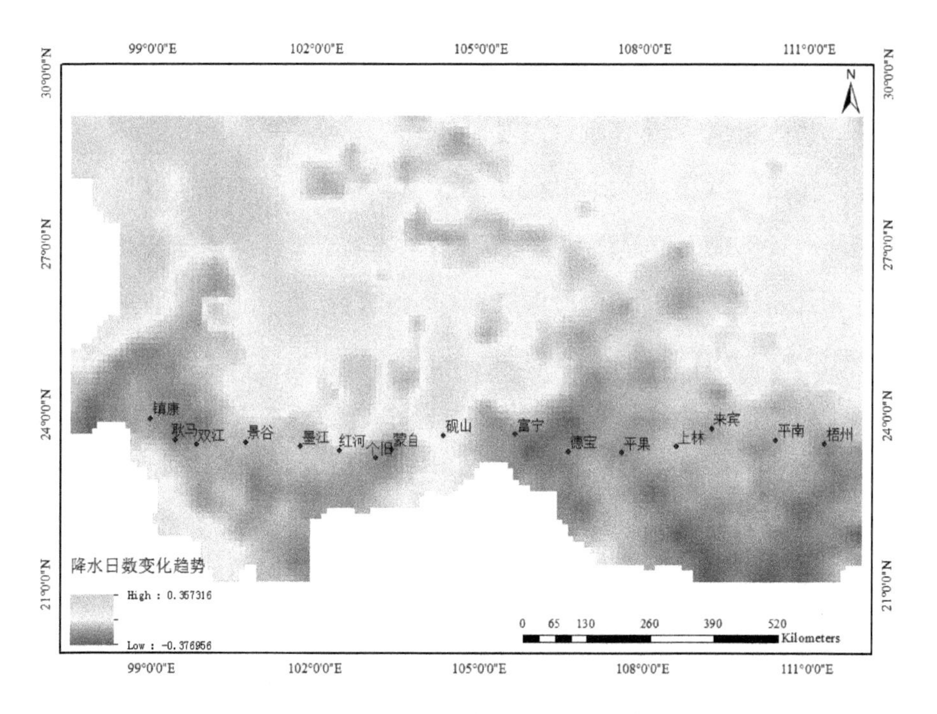

图 3-29　1979—2015 年 4 月降水日数变化趋势空间分布

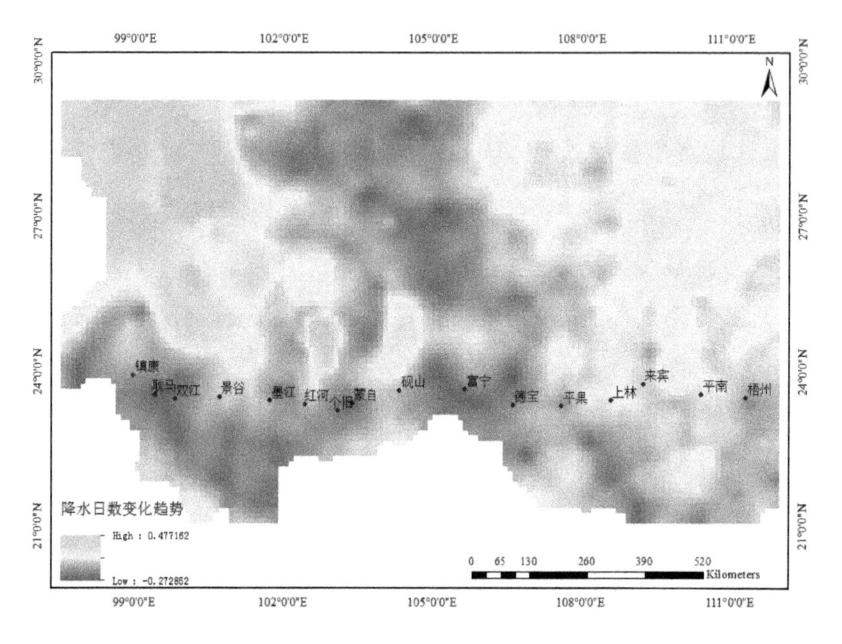

图 3-30　1979—2015 年 5 月降水日数变化趋势空间分布

3.4.3 降水强度年际变化特征

由图3-31可知,1979—2015年5月平均降水强度整体高于4月,多年变化趋势不明显。在空间分布上,4月降水强度大致以富宁为界呈现出西增东减的波动态势,而5月降水强度变化格局与4月基本一致,但降水强度变化分界线移至红河、个旧和蒙自等地,以此为界东部地区降水强度降低比较明显,而西部镇康、耿马和双江却有所增加(图3-32和图3-33)。

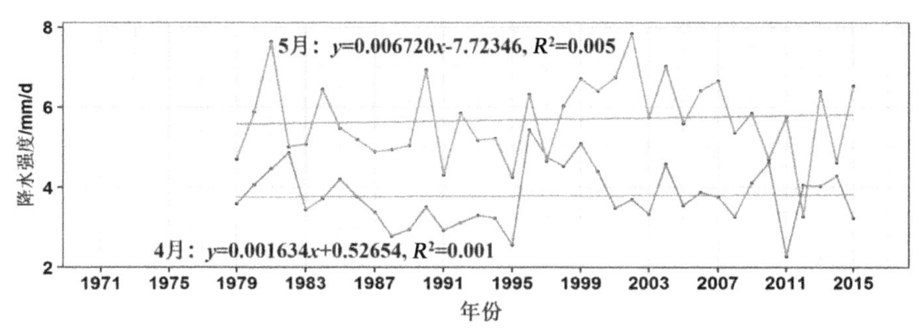

图3-31 1979—2015年4月和5月降水强度变化趋势

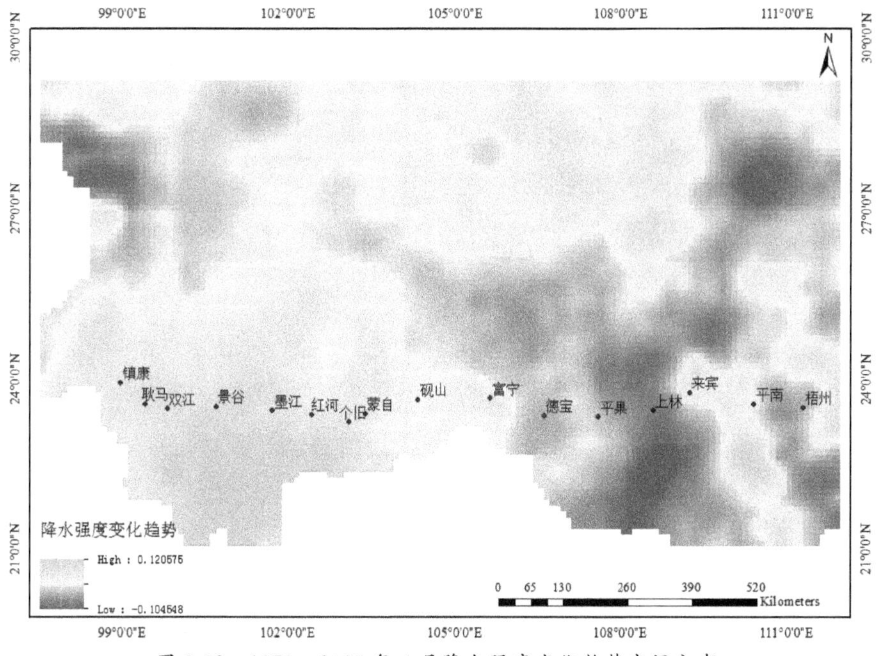

图3-32 1979—2015年4月降水强度变化趋势空间分布

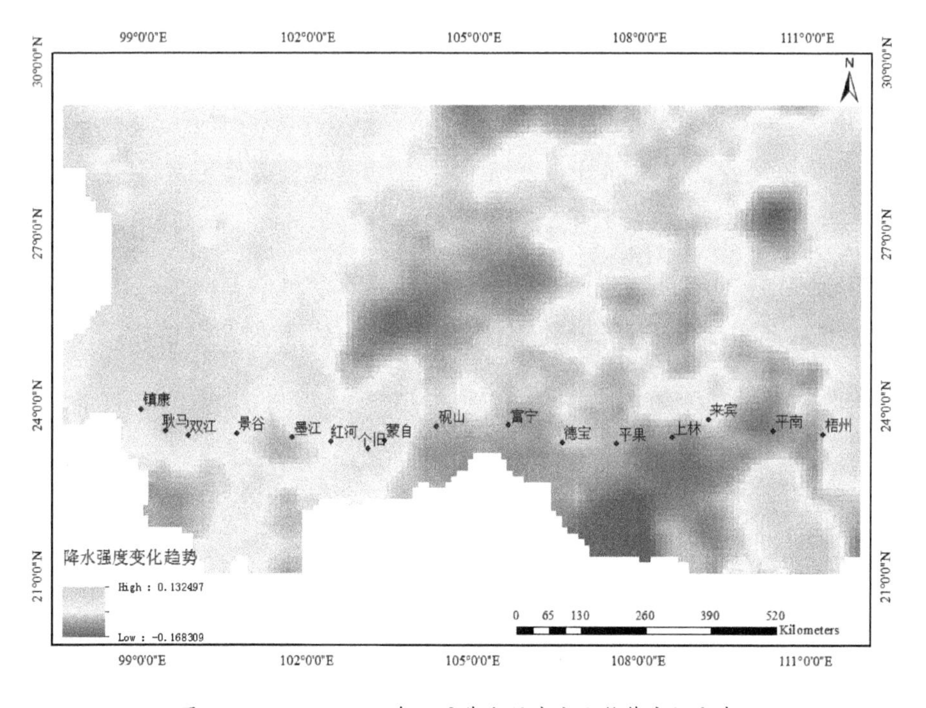

图 3-33　1979—2015 年 5 月降水强度变化趋势空间分布

3.4.4　降水量稳定性分析

基于 CMFD 降水数据利用变异系数在空间上的分布情况对研究区降水稳定性进行分析，如图 3-34、图 3-35 所示。

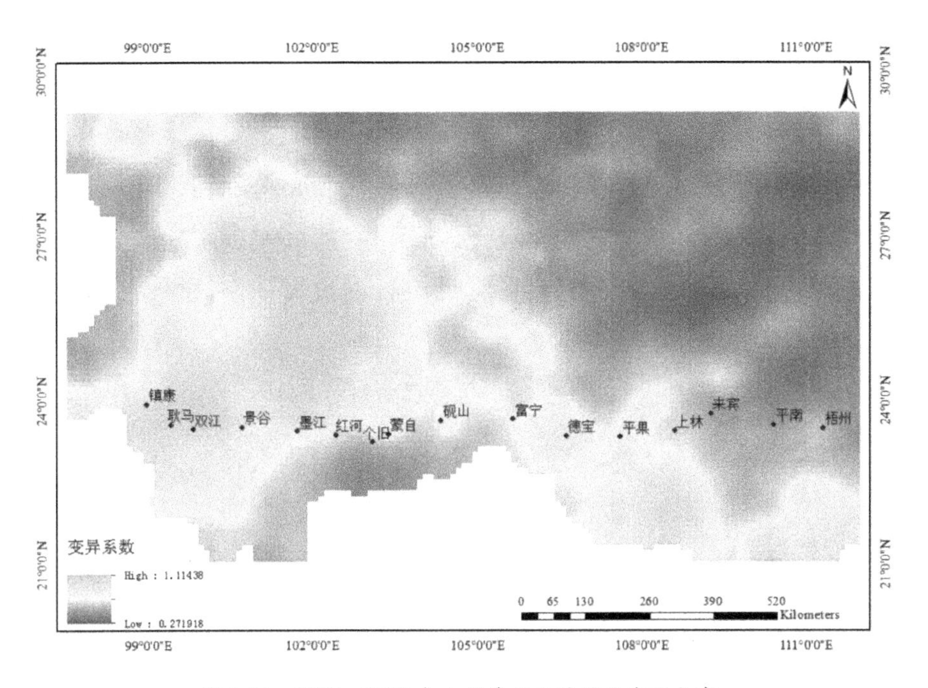

图 3-34 1979—2015 年 4 月降水量稳定性空间分布

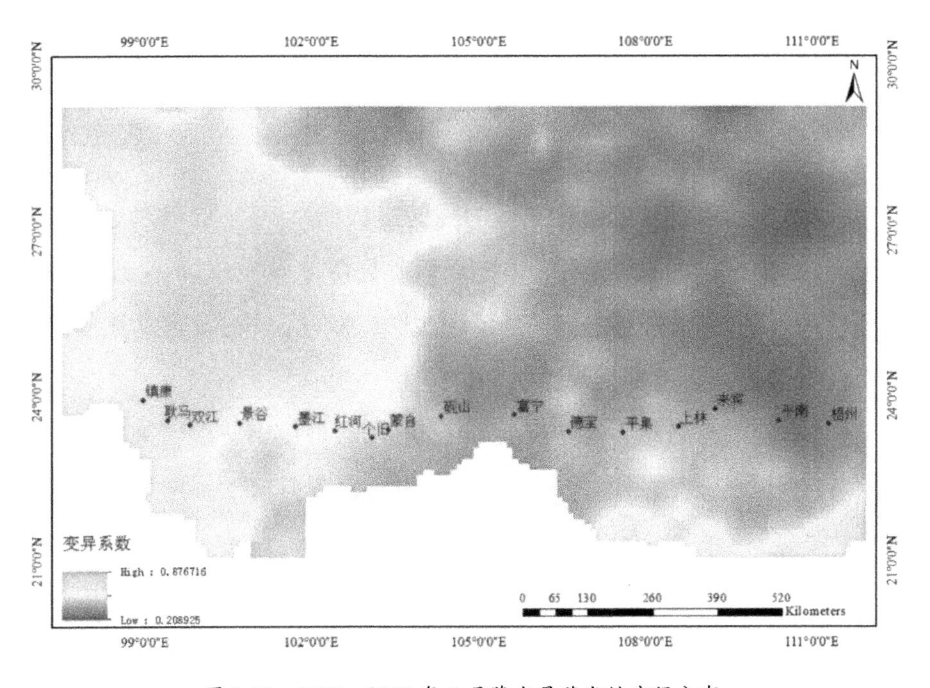

图 3-35 1979—2015 年 5 月降水量稳定性空间分布

就降水量稳定性而言，1979—2015 年 4 月、5 月降水量稳定性变化规律比较一致，以墨江、红河为界，东部地区稳定性较高。具体而言，4 月梧州、平南、来宾等地降水量稳定性较高，西至上林、平果、富宁等地降水量年际波动有所增加，但至红河、个旧和蒙自等地降水量变异系数又降低，墨江以西地区降水量年际变异较大。5 月墨江、红河以东地区降水量年际变异空间一致性较高，明显低于墨江、红河以西地区（图 3-34 和图 3-35）。

3.5 本章小结

本章基于研究区样带上分布的 16 个气象站点数据，分析了研究区雨季开始期的变化特征，包括雨季开始期的降水量、降水强度、降水日数，也对其稳定性展开分析，并利用 CMFD 降水数据，对研究区雨季降水特征进行协同分析。主要结论如下：

(1)典型亚热带季风样带区雨季开始时间区域差异显著，哀牢山以东地区先进入雨季，而以西地区雨季开始相对较晚，整体上富宁以及其以东地区雨季开始期呈现提前趋势，而以西地区出现推后趋势。

(2)雨季降水量及降水日数呈明显的带状分布，哀牢山以东地区降水量较大，且由东向西递减，而哀牢山以西地区降水量较小，但呈现由西向东递减的现象。与 4 月相比，5 月镇康、耿马、双江、景谷乃至墨江、红河、个旧以及蒙自降水量变化规律类似。

(3)不同地区降水强度年际波动差别较大，但镇康至砚山等地 4、5 月降水强度基本呈现增强的趋势。富宁以东地区 4 月降水强度均表现出减弱的趋势。

(4)雨季降水量与降水日数稳定性空间差异较大，总体上东部稳定性高于西部地区，且随着降水强度的增加，其稳定性逐渐降低。

4 降水水汽源地研究

降水中H、O稳定同位素是重要的气候示踪物[108－109]。利用降水中稳定同位素的相对丰度就能了解和诊断全球或区域的气候变化趋势和气候特征[67]。过量氘也称d函数，用于评价地区大气降水因地理与气候因素偏离全球大气降水线的程度，而不同地区存在于大气降水中的d值，能够比较直观地反映出这个地区事实上的大气降水、蒸发以及凝结过程等的不均衡性，这也是代表大气降水非常重要的一个综合性环境因素[121]。

存在于大气降水中的稳定同位素物质，其丰度的涨落、导致形成降水的整个气象过程以及水汽源区等的初始状态，与大尺度环流态势都有着极为紧密的关联[10,109]。这是因为水在发生相变以及在输送过程中经常会导致H、O这两种稳定同位素的丰度发生改变，因此可以用水中H或O元素示踪来研究水循环过程，目前研究成果已经找出了含在海水、淡水以及雪水中H和O这两种可靠的稳定同位素(氘和氧18)组成的演变规律，还发现了SIP(即降水稳定同位素)其成分主要跟LST(地表温度)、经纬度以及降雨量等因素有关，因此依靠测度水循环的各个过程中同位素丰度的衰减变化就能识别和分析很多地球化学演变过程以及水循环过程[117]。

本章主要通过野外实验获取降水样本，基于稳定同位素比质谱仪MAT253测定大气降水中氢氧稳定同位素的组成，应用ArcGIS 13.0的趋势面分析，确认氢氧同位素的空间分布特征以及水汽输送空间格局，探讨大气降水氢氧稳定同位素空间突变的降雨量效应和大陆效应，分析西南水汽和东南水汽的交互区域，为进一步划分西南季风和东南季风盛行区域服务，乃至最终为全国气候区划分修订提供理论依据。

4.1 样品采集

本章主要应用同位素跟踪的方法来确立水汽空间分布格局，所涉及的样品采集范围为云南、广西两省区的 23－24°N、98－112°E，包括云南(镇康、耿马、双江、景谷、墨江、红河、个旧、蒙自、砚山和富宁)和广西(梧州、平南、来宾、上林、平果和德保)16 个气象站点；具体名录及信息见表 2-1；野外采集时间设定为 2014 年降水强度较大的 4—10 月。大气降水样本于 2014 年 4—10 月在降水过程中利用由塑料漏斗、塑料导管和塑料瓶组成的降水收集器获得，最终将收集好的样本装入4 mL的棕色样品瓶中，而后将样品瓶外部用石蜡密封并放置在黑暗且温度较低的地方，以避免样品由于蒸发而导致重同位素组成改变。半年左右的降水取样中，分别在 16 个采样点获得大雨以上(≥25 mm)降水样品 15 个、12 个、5 个、11 个、16 个、12 个、12 个、10 个、12 个、15 个、14 个、14 个、9 个、15 个、14 个和 14 个。与降水取样同步收集的气象资料包括近地面取样时的日均温、日最高气温、日最低气温、日降水量、日相对湿度等数据。

应用稳定同位素比质谱仪 MAT253 精准测定样本中氢氧稳定同位素的组成，以 $\delta^{18}O$、$\delta^{2}H$ 及过量氘空间分布格局来揭示降水中所含稳定同位素存在的变化特征以及与水汽输送空间格局之间的关系。

4.2 数据处理

4.2.1 同位素站点数据处理

利用 Excel 对数据进行初步整理，将获取的各站点的数据进行提取，重生成两个最终结果：雨季降水稳定同位素(表 4-1)，一次性降水稳定同位素(表 4-2)。表格中主要收集的数据包括各站点的基本信息以及$\delta^{18}O$、$\delta^{2}H$ 和过量氘(d)的数据。

借助格网式布点采集的大气降水样品,均在河南理工大学同位素实验室利用稳定同位素比质谱仪 MAT253 完成测定,^{18}O 和 D 的精度确保分别可以达到 0.2‰和 2‰。所有分析结果用相对维也纳标准平均大洋水的千分差来表示:

$$\delta(‰)=(R_{样}/R_{标}-1)\times 1000 \tag{4-1}$$

式中,$R_{样}$为降水样品中$^{18}O/^{16}O$ 或$^{2}D/^{1}H$ 的比值,$R_{标}$为维也纳标准平均大洋水中$^{18}O/^{16}O$ 或$^{2}D/^{1}H$ 的比值。

按照瑞利分馏模型,来自单一水汽源地的降水中 $\delta^{18}O$ 和 $\delta^{2}H$ 均沿水汽输送路径不断衰减[32],亦即其数值增加方向为水汽来源方向。

同时,Dansgaard[108]定义了过量氘,表示水汽蒸发过程中因同位素动力分馏过程而偏离平衡分馏的程度或局地同位素偏离全球大气降水线的程度。其计算公式为:

$$d=\delta D-8\delta^{18}O \tag{4-2}$$

式中,d 代表过量氘,δD 为降水中氢同位素^{2}H比率,$\delta^{18}O$ 为降水中氧同位素^{18}O 比率。

4.2.2 同位素空间插值

利用 ArcGIS 建立关于站点的空间数据库,将用 Excel 整理好的数据导入,然后将研究区域的遥感影像图镶嵌在一起,通过建立与研究区一样大小的面要素,利用空间插值做出研究区域等值线以便分析研究。

克里金(Kriging)插值法又称空间自协方差插值法,它以空间结构分析为基础,利用数据空间场的概念和点数据之间的空间相关性,充分反映空间场的各向异性,自动识别样点的空间分布[164]。相关研究表明:在整体分析上,克里金插值法优于反距离加权法、样条函数法等[165,166]。因此,本研究利用 GIS 平台的克里金插值法进行插值运算,生成降水稳定同位素和过量氘空间分布插值图，得到其分布趋势。

假设研究区域定义为 A，那么区域化变量则为 $\{Z(x)\in A\}$，其中 x 表示在空间中的位置，$Z(x)$ 在采样点 $x_i(i=1,2,\cdots,n)$ 处的属性值为 $Z(x_i)(i=1,2,\cdots,n)$，那么依据普通克里金插值原理，未采样点 x_0 处的属性值 $Z(x_0)$ 的估计值为 n 个采样点属性值的加权和，即：

$$Z(x_0)=\sum_{i=0}^{n}\lambda_i Z(x_i),(i=1,2,\cdots,n) \tag{4-3}$$

在上式中 λ_i 是待求权系数，其求解过程如下。

假定在整个研究区域中，区域化变量 $Z(x)$ 均满足二阶平稳之假设：

(1) $E[Z(x)]=m$（m 为常数），即 $Z(x)$ 的数学期望存在而且是常数；

(2) $Z(x)$ 的协方差 $Cov(x_i,x_j)$ 存在而且只与两点之间的相对位置有关系。依据无偏性要求，即 $E[Z^*(x)]=E[Z(x)]$，经推导可得：

$$\sum_{i=0}^{n}\lambda_i=1,(i=1,2,\cdots,n) \tag{4-4}$$

在无偏条件下使估计方差达到最小，即：

$$\text{Min}\{Var[Z^*(x)]-E[Z(x)]-2\mu\sum_{i=0}^{n}(\lambda_i-1)\},(i=1,2,\cdots,n) \tag{4-5}$$

式中 μ 为拉格朗日乘子，根据以上条件可以得到求解权系数 λ_i 的方程组：

$$\begin{cases}\sum_{j=0}^{n}\lambda_i Cov(x_i,x_j)-\mu=Cov(x_0,x_i), \\ \sum_{i=0}^{n}\lambda_i=1\end{cases}(i=1,2,\cdots,n) \tag{4-6}$$

求出权系数 $\lambda_i(i=1,2,\cdots,n)$ 后，就可求出采样点 x_0 处的属性值 $Z^*(x_0)$。

4.2.3 空间数据表达

等值线法在空间数据表达方面有很好的优势。所谓等值线法，就是用一组特定等值线来表达连续面状分布且制图现象所具有的数量特征逐渐变化的方法。而等值线是对制图对象里面某一个数量指标所有值都相等的各个点一起连成的一条平滑曲线,该曲线需从地图上标出用来表示制图对象数量的各个点,然后选用内插法找到各整数点再绘制形成。设置相邻两条等值线表示的数量差额为一个特定常数,这样就可以通过等值线的疏密程度来辨别制图现象的数量变化趋势。等值线法一般和分层设色等表达手段一起配合使用,也就是采取变换图像颜色深浅、色调冷暖以及阴暗等来表示制图现象的数值改变情况,目的就是使图面更加清晰、易于读懂。一般还要在等值线的上面加数字标注,以便于直接获得等值线的数量指标。等值线法除了可用来表达连续面状分布且制图现象所具有的数量特征逐渐变化外,也可以用来表示制图现象随着时间发生变化,以及制图现象的重复性也就是频度等。

因此,本章将利用等值线法来表达稳定同位素在空间上的变化特征,确立水汽空间分布格局。利用等值线的疏密来表示稳定同位素在空间的变化速度,利用等值线在空间上变化的方向来表示稳定同位素衰减的方向,并利用稳定同位素衰减的方向来跟踪水汽输送路径以及指示水汽来源。

4.3 同位素空间分布格局

4.3.1 氢氧稳定同位素空间分布格局

利用 Excel 对 16 个气象站点雨季(4—10 月)大气降水的氢氧稳定同位素数据进行初步整理,将获取的各站点的数据进行提取,重生成最终结果,即雨季降水稳定同位素数据(表 4-1)。表格中主要收集的数据包括各站点的基本信息以及 $\delta^{18}O$、$\delta^{2}H$ 和过量氘(d)的数据。检测结果见表 4-1。

表 4-1　研究区 16 个采样站点基本信息和雨季降水稳定同位素数据

站名	海拔/m	纬度/°N	经度/°E	氢(^{2}H)	氧(^{18}O)	过量氘(d)
镇康	1008.40	23.92	98.96	−67.36	−8.52	0.81
耿马	1104.90	23.55	99.40	−54.71	−7.60	6.08
双江	1044.10	23.46	99.80	−80.97	−11.28	9.25
景谷	913.20	23.50	100.70	−71.75	−7.56	−11.26
墨江	1281.90	23.43	101.71	−81.16	−11.04	7.15
红河	974.50	23.36	102.43	−93.79	−12.64	7.29
个旧	1695.00	23.23	103.09	−109.67	−15.32	12.92
蒙自	1300.70	23.38	103.38	−92.71	−12.98	11.16
砚山	1561.10	23.62	104.33	−84.36	−12.05	12.07
富宁	685.80	23.65	105.63	−52.78	−6.02	−4.63
德保(宝)	65.00	23.35	106.60	−62.46	−9.06	10.02
平果	108.80	23.32	107.58	−49.57	−7.24	8.35
上林	126.00	23.43	108.58	−46.79	−6.47	4.96
来宾	84.90	23.75	109.23	−38.80	−5.08	1.82
平南	40.00	23.55	110.40	−33.12	−5.60	11.66
梧州	114.80	23.48	111.30	−38.74	−5.87	8.19

由研究区雨季降水氢氧稳定同位素空间格局(图 4-1、图 4-2)可以看出,δ^{2}H 和 δ^{18}O 空间变化格局基本一致。

在云南的耿马和双江附近地区的 δ^{2}H 和 δ^{18}O 空间变化格局比较大,这是靠近云南西边的老别山和邦马山导致的变化,西南水汽在经过老别山和邦马山时,在迎风坡西南水汽受到阻挡,形成大量降水。因此,δ^{2}H 和 δ^{18}O 的数量比较大。当西南水汽越过老别山和邦马山到达背风坡时,降水已经开始逐渐减少,而耿马和双江正好处于背风坡的位置,δ^{2}H 和 δ^{18}O 的数量也开始减少。基于来自单一水汽源地的降水中 δ^{2}H 和 δ^{18}O 沿水汽输送路径不断衰减这一原理,可以对此处的 δ^{2}H 和 δ^{18}O 发生的较大变化给出合理的解释,同时可以清楚地知道云南主要受到西南水汽的影响,不同区域有不同水汽来源给予补充。

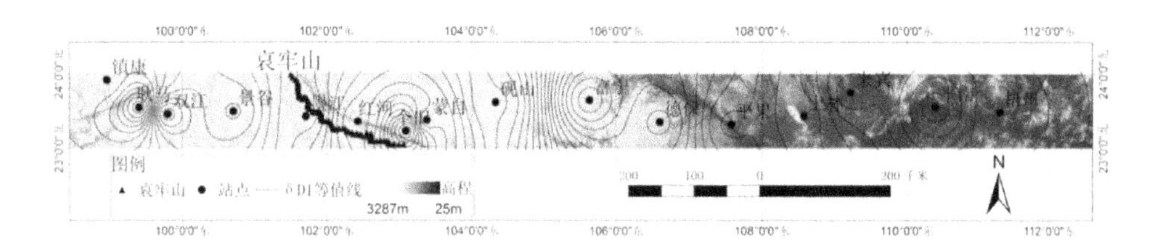

图 4-1 研究区雨季降水中 δ^2H 空间分布格局

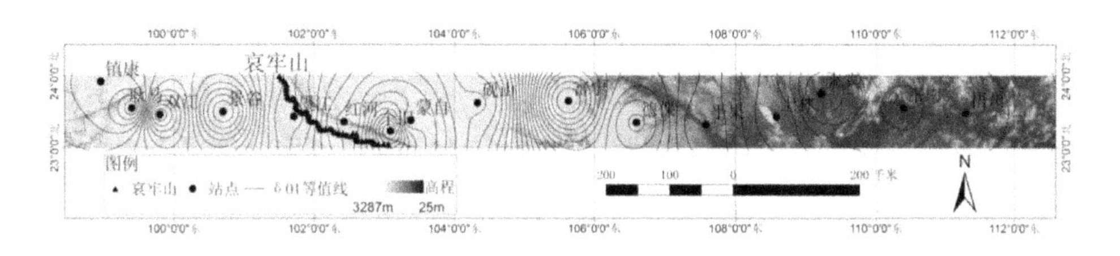

图 4-2 研究区雨季降水中 δ^{18}O 空间分布格局

在云南个旧附近地区的 δ^2H 和 δ^{18}O 空间变化格局比较大，个旧地处云贵高原的南端，位于东经 102°54′至 103°25′、北纬 23°01′至 23°36′之间，市区地处阴、阳两山之间。此地区较大变化的原因具有不确定性。一方面可能是西南水汽较强，当西南水汽越过个旧西侧的无量山和哀牢山后，西南水汽依旧很强，而南海水汽在到达个旧时已经很弱。因此，对个旧地区的 δ^2H 和 δ^{18}O 数量产生较大影响的主要是较强的西南水汽。另一方面可能是南海水汽在到达个旧时依旧很强，而西南水汽在越过无量山和哀牢山后已经变弱。因此，个旧地区的 δ^2H 和 δ^{18}O 的数量主要受到较强的南海水汽的影响。此外，个旧是所有采样点中海拔最高的地区，并且处于阴、阳两山之间，因此自身的地势和地形，也有可能是导致个旧地区 δ^2H 和 δ^{18}O 数量发生较大变化的原因。

砚山和富宁地处研究区两省的交界处，该地区 δ^2H 和 δ^{18}O 空间变化格局比较大。这可以说明砚山和富宁地区的变化可能是西南水汽和南海水汽共同作用的结果，同时可以进一步推断出砚山和富宁地区可能是西南水汽和南海水汽交互影响的区域。因为，在哀牢山的作用下，西南水汽越过哀牢山后强度会较小，和南海水汽一样，在到达砚山和富宁地区时 δ^2H 和 $\delta^{18}O$ 的数量都在逐渐变小，当两股水汽相遇后，开始共同作用时，砚山和富宁附近地区的 δ^2H 和 $\delta^{18}O$ 数量发生很大的变化。因此，可以推断出该地区可能是两股水汽交互影响的区域。

4.3.2 过量氘空间分布格局

对包括西南季风区和东南季风区在内的中国季风影响区而言，过量氘均有自南而北、自东向西降低的变化趋势。在雨季，我国西南地区降水的水汽主要来源于低纬度海洋。由于空气湿度大，降水中 d 值小，同时受沿途降水冲刷作用的影响，降水中稳定同位素比率也较低。

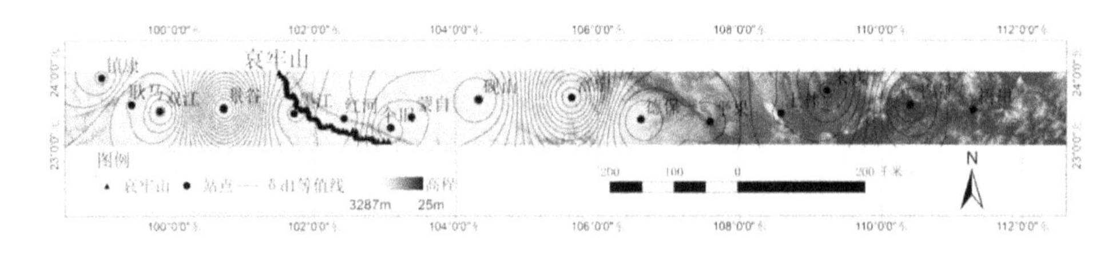

图 4-3 研究区雨季降水中过量氘空间分布格局

由研究区雨季降水过量氘的空间格局（图 4-3）可以看出，过量氘分别在双江和景谷附近地区、砚山和富宁附近地区发生了较大的变化。原因可能与采样点分别处于高原及盆地这种特殊的下垫面类型有关，另外，可能与该地区局地二次再蒸发有关，具体原因尚不明确，需要进一步根据这些地区天气尺度下降水中稳定同位素资料加以研究。与降水中的 δ^2H 和 $\delta^{18}O$ 值不同，d 的离散程度明显较小，这为利用 d 值进行水汽来源分析提供了便利。

4.3.3 一次降水氢氧稳定同位素空间分布格局

以 2014 年 6 月中下旬（15－24 日）的一次降水过程为例，具体阐述短期内大气降水氢氧稳定同位素空间分布格局。由于，每一次降水过程，影响稳定同位素比率的因素很多。因此，即使是相邻两次降水过程中的稳定同位素比率也会变化很大。实际上在同一降水过程的开始和结束，降水中稳定同位素比率也可能有很大的不同。具体数据见表 4-2。

表 4-2 研究区 16 个采样站点基本信息和一次降水稳定同位素数据

站名	海拔/m	纬度/°N	经度/°E	氢(^{2}H)	氧(^{18}O)	过量氘(d)
镇康	1008.40	23.92	98.96	−77.70	−9.11	−4.83
耿马	1104.90	23.55	99.40	−74.03	−9.85	4.76
双江	1044.10	23.46	99.80	−63.50	−9.63	13.58
景谷	913.20	23.50	100.70	−63.10	−6.34	−12.41
墨江	1281.90	23.43	101.71	−62.40	−9.49	13.50
红河	974.50	23.36	102.43	−74.64	−10.88	12.37
个旧	1695.00	23.23	103.09	−74.90	−10.68	10.56
蒙自	1300.70	23.38	103.38	−13.60	−3.88	17.42
砚山	1561.10	23.62	104.33	−29.20	−5.58	15.41
富宁	685.80	23.65	105.63	−51.70	−5.71	−6.08
德保(宝)	65.00	23.35	106.60	−44.00	−6.83	10.66
平果	108.80	23.32	107.58	−44.00	−6.84	10.79
上林	126.00	23.43	108.58	−32.20	−5.29	10.08
来宾	84.90	23.75	109.23	−60.70	−7.31	−2.14
平南	40.00	23.55	110.40	−29.80	−5.29	12.50
梧州	114.80	23.48	111.30	−68.80	−9.25	5.21

由研究区一次降水氢氧稳定同位素空间格局(图 4-4 和图 4-5)可以看出，δ^{2}H 和 δ^{18}O 空间变化格局基本一致。

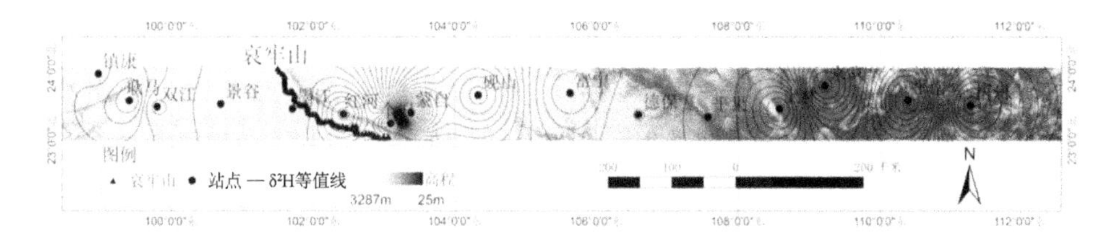

图 4-4 研究区一次降水过程中 δ^{2}H 空间分布格局

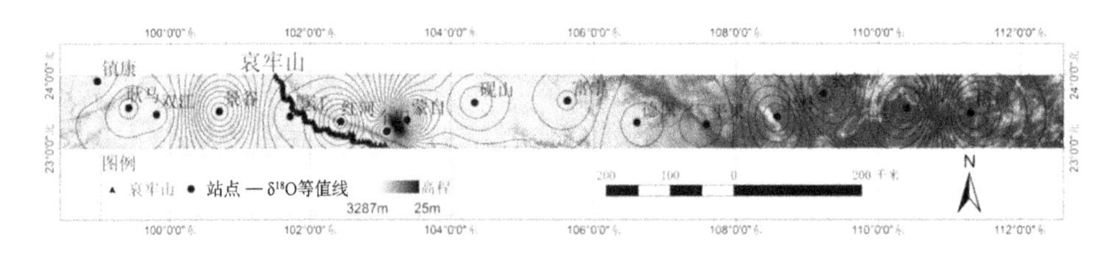

图 4-5　研究区一次降水过程中 $\delta^{18}O$ 空间分布格局

个旧和蒙自附近地区的 δ^2H 和 $\delta^{18}O$ 空间变化格局比较大，个旧地处云贵高原的南端，位于阴、阳两山之间；蒙自市主要地形为山区和坝区，其中山区面积占总面积的75.6%，坝区面积占总面积的24.4%，县城海拔1307米。此处的较大变化可能主要是由于西侧的无量山和哀牢山阻挡西南水汽来源的结果。在云南各地区的一次降水中，西南水汽降水中的 δ^2H 和 $\delta^{18}O$ 数量沿着输送路径不断减少，当西南水汽到达并越过无量山和哀牢山后，降水急剧减少。同时个旧和蒙自位于山区之中，受到南海水汽的影响较弱。以上原因可能导致个旧和蒙自地区的 δ^2H 和 $\delta^{18}O$ 数量发生较大的变化。

上林附近地区的 δ^2H 和 $\delta^{18}O$ 空间变化格局比较大。上林位于中国广西中南部，大明山东麓，因此，上林附近的变化与大明山有着密不可分的联系。当南海水汽到达大明山时，上林位于大明山的迎风坡，南海水汽带来大量降水，导致 δ^2H 和 $\delta^{18}O$ 的数量也比较大。当南海水汽越过大明山到达背风坡时，由于受到了较大的阻碍作用，降水量开始逐渐减小，因此，δ^2H 和 $\delta^{18}O$ 的数量也开始急剧减小。总之，大明山的阻碍作用可能是上林地区的 δ^2H 和 $\delta^{18}O$ 空间变化格局比较大的原因。

平南和梧州之间地区的 δ^2H 和 $\delta^{18}O$ 空间变化格局比较大。梧州地貌属华南丘陵区，在平南和梧州附近，自东南向西北依次有勾漏山一大容山一大瑶山，它们可能是导致此地区的 δ^2H 和 $\delta^{18}O$ 数量产生较大变化的主要原因。每座山的东南方向均为迎风坡，西北方向均为背风坡。当南海水汽依次经过勾漏山一大容山一大瑶山时，不仅降水中 δ^2H 和

$\delta^{18}O$数量在逐渐减少，而且在每座山的附近都有极大的变化，每座山的迎风坡的 $\delta^{2}H$ 和 $\delta^{18}O$ 数量都会比背风坡高。以上原因可能导致了平南和梧州之间的 $\delta^{2}H$ 和 $\delta^{18}O$ 数量变化较大。

双江和景谷附近地区的 $\delta^{18}O$ 空间变化格局比较大，然而 $\delta^{2}H$ 却没有表现出此特点。双江县地势西北高、东南低，中部为河谷地带，地貌高差悬殊，山地起伏、谷地相间。$\delta^{18}O$ 空间变化格局比较大可能是云南西侧的老别山和邦马山导致的结果。当西南水汽经过老别山和邦马山时，在迎风坡西南水汽没有被阻挡，导致大量降水。因此，$\delta^{2}H$ 和 $\delta^{18}O$ 的数量比较大。当水汽越过老别山和邦马山，到达背风坡时降水已经开始逐渐减少，而双江和景谷正好处于背风坡的位置，同时 $\delta^{18}O$ 的数量也开始减少，因此，此地区附近的 $\delta^{18}O$ 空间变化格局比较大。

4.3.4 一次降水过量氘空间分布

虽然降水中过量氘数值大小主要取决于水汽源区大气相对湿度，但水汽源区海表面温度、风速以及雨滴降落过程中的蒸发效应也会对降水中过量氘有不同程度的影响。因此，不同气候条件下降水中过量氘的值波动较大。依据分馏原理水滴在空气的下降过程中不断被蒸发，假如空气越干燥则水汽压就会越小，而水滴在下降过程中所含有的重同位素就会优先蒸发掉，那么水滴中存在的 d 值就会越来越小；相反地如果空气中水含量越多则水汽压就会越高，而水滴在下降过程中所含重同位素就会体现出优先蒸发富集较小的作用，那么水滴中所含的 d 值就会越高。

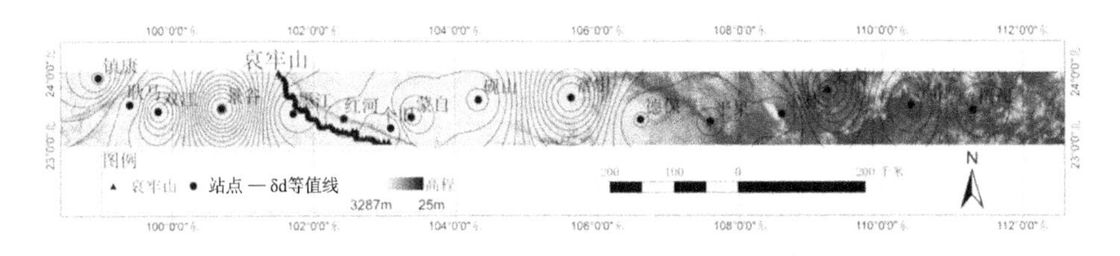

图 4-6 研究区一次降水中过量氘空间分布格局

由研究区一次降水中过量氘空间分布格局(图 4-6)可以看出,过量氘在双江和景谷附近、砚山和富宁附近、上林和来宾附近发生了较大的变化。同样由于过量氘的影响因素很多,目前尚不能给出合理的解释。

4.4 影响因素分析

4.4.1 氢氧稳定同位素影响因素

研究区雨季降水(图 4-7)和一次降水(图 4-8)的大气降水线,为了解大气降水稳定同位素组成提供了基础。

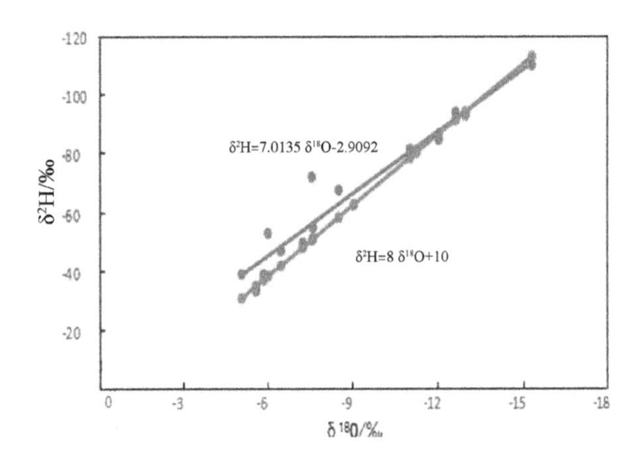

图 4-7 雨季大气降水中 δ^2H 和 δ^{18}O 的拟合线

而全球大气降水线(英文名为 Global Meteoric Water Line,通常简略为 GMWL)就能够给不同区域研究大气之中降水同位素体现出的不同构成比例当作基准参考,降水线的斜率体现了这两个被分析的稳定同位素所具有的分馏速率之间存在的比较,而常数项就指示了^{2}H 同位素对于平衡状态所表现出的偏离态势。然而,由于不同区域影响因素之间存在着很大的差别,导致各地大气降水线存在不同。

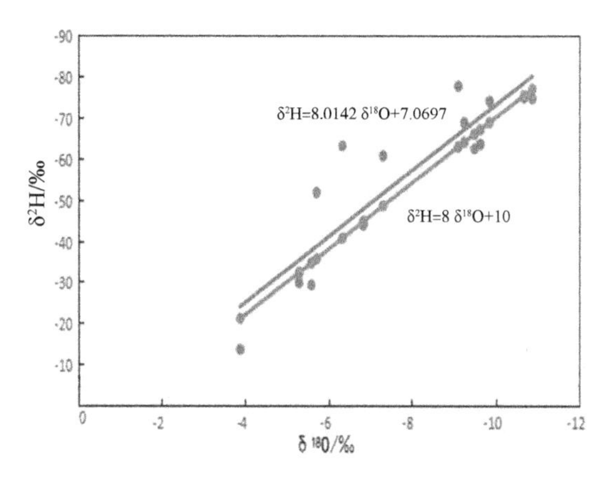

图 4-8 一次大气降水中 δ^2H 和 $\delta^{18}O$ 的拟合线

研究区雨季大气降水曲线为 $\delta^2H = 7.0135\delta^{18}O - 2.9092$($R^2 = 0.93581$);一次大气降水曲线为 $\delta^2H = 8.0142\delta^{18}O + 7.0697$($R^2 = 0.80259$)。其中斜率表示不同的相变过程(如再蒸发、降雪等),而截距则受海气相互作用的影响,在输送过程中会保持平衡。方程通过显著性与 Craig[167]首次提出的全球降水线方程 $\delta^2H=8\delta^{18}O+10$ 以及郑淑蕙等[168]报道的中国降水线方程 $\delta^2H=7.9\delta^{18}O+8.2$ 相比斜率相差不大,而截距相差较大。一方面反映了该地区降水的水汽来源地具有不同稳定氧同位素比率,另一方面和在凝结物处于未饱和空气降落过程之中的重同位素发生蒸发富集相关联,表现为大气越干热,大气水线斜率跟截距反而越弱。出现较低的斜率以及截距的主要原因是雨滴下降过程里面经历了不平衡导致二次蒸发所引起的稳定同位素发生分馏作用,这种情况下斜率以及截距较低,就能反映出降水过程经历的蒸发效果就会相对更严重,也就是在降水过程,雨滴因为云下发生二次蒸发从而产生高强度分馏,这也就导致了降水线表征的斜率以及截距降低。大气降水氢氧稳定同位素实质是蒸发和凝聚过程的同位素分馏。

氢氧稳定同位素区域分异反映了区域地理因素的差异,具体表现在以下几个方面:

1.纬度效应

所谓纬度效应就是指随着纬度的增加而出现大气降水中含有的 δ^2H 以及 δ^{18}O 数值均降低的现象。因为由海平面蒸发作用产生的水汽在不断地运移和发生降水现象,而不断降水后剩余的水汽里面就会出现^{2}H 以及^{18}O 连续降低,那么形成的降水到地面后其中包含的 δ^2H 以及 δ^{18}O 数量就相应减少。现实状况表明在赤道附近地区降水中 δ^2H 以及 δ^{18}O 值均大致接近 0‰,而在南极冰雪之中分析发现 δ^2H 值能够达到 −428.5‰,同样地 δ^{18}O 值也达到了 −55.5‰。

由于研究区 16 个采样点的研究工作区纬度设定为 23—24°N,所以在此范围内纬度效应表现得不明显,但是符合"纬度效应是指纬度增加大气降水的 δ^2H 和 δ^{18}O 值都减少"这一原理,根据表 4-1 和表 4-2 可以看到所有采样点的 δ^2H 和 δ^{18}O 值都是负值。

2.大陆效应

所谓大陆效应就是越向内陆地区深入,大气降水中所含 δ^2H 以及 δ^{18}O的量越来越少的现象。研究发现沿着离海近、较近和内陆的顺序,广州、昆明以及拉萨三个地区年平均降雨中出现的 δ^2H 数量分别是 −29‰、−76‰以及 −131‰,这就很直观地说明了这种效应。

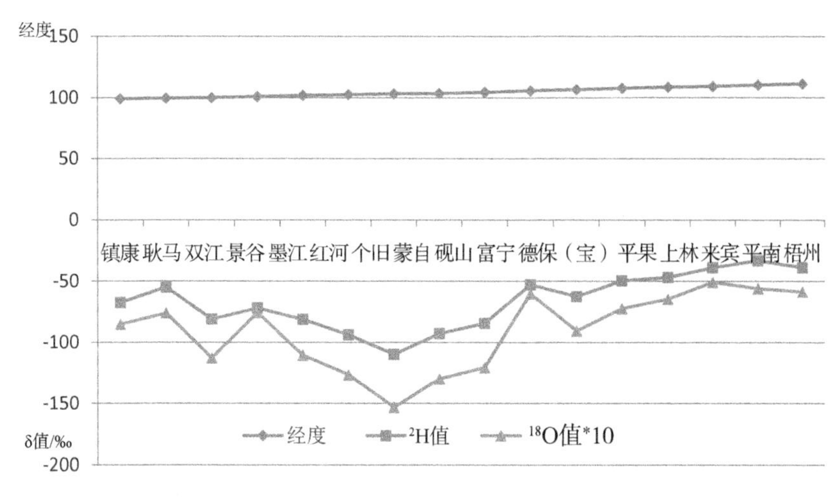

图 4-9 观测站点经度与 δ^2H、δ^{18}O 值对照

研究区西部主要受到来自印度洋和孟加拉湾的西南水汽的影响，研究区东部主要受到来自南海水汽的影响。所以在两股水汽不断向内陆运移的过程中，大气降水的 δ^2H 和 δ^{18}O 值逐渐降低(图 4-9)。比如受南海水汽的影响，德保(宝)位于最内陆的位置，因此大气降水 δ^2H 和 δ^{18}O 值最低，为－62.46‰和－9.06‰。

3.海拔高度效应

海拔高度效应就是随着海拔高度的增大，发现大气降水中的δ^2H以及 δ^{18}O 值呈现逐渐减小态势。以往的分析也证实了这一点，比如西藏东部地区大气降水在海拔高度上每升高 100 米，降水中 δ^2H 以及 δ^{18}O 值就直接减少了 2.9‰以及 0.31‰。

研究区 16 个采样点中海拔最高的是个旧，达1695 m，因此大气降水 δ^2H和 δ^{18}O 值最高为－109.67‰和－15.32‰；来宾海拔最低为40 m，因此大气降水 δ^2H 和 δ^{18}O 值最低为－33.12‰和－5.60‰；其余的数值都符合“随着海拔高度增加，大气降水 δ^2H 和 δ^{18}O 值降低”这一理论(图 4-10)。

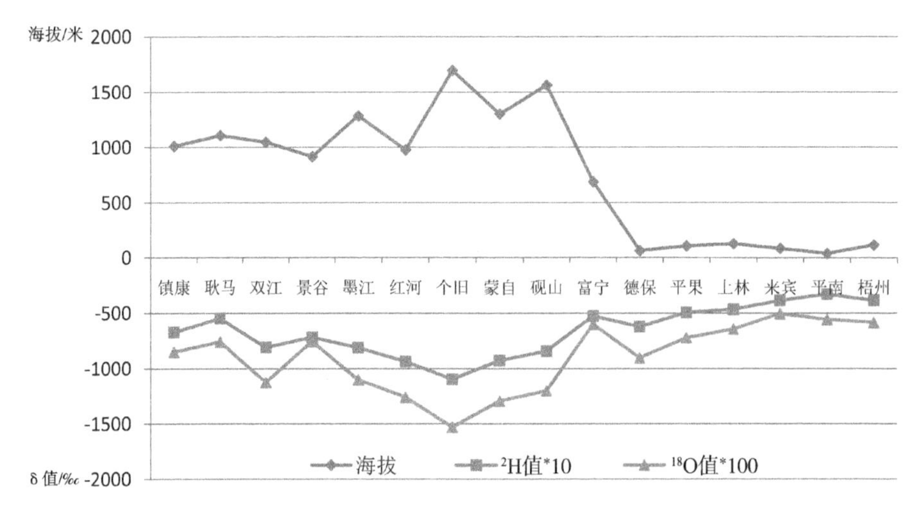

图 4-10 观测站点海拔高度与 δ^2H、δ^{18}O 值对照

4.季节效应

季节效应就是指季节的变化会影响重同位素的亏损，冬季与夏季相比，出现冬季大气降水中的重同位素亏损较快的现象。其原因主要是温度效应。研究发现海水在夏季温度较高的情况下，其蒸发和在云团慢慢形成的过程中分馏程度低，这就导致了夏季跟冬季相比出现重同位素比较意义上的富集现象。

由于本次研究的内容只有雨季（夏季）降水的氢氧稳定同位素变化情况，所以本研究无法与旱季（冬季）形成对比。

5.水汽源地

水汽源地效应就是指大气降水的蒸发源地也有着季节性的变化，由于蒸发源地季节性不同而导致天气状况发生改变进而导致降水的氢氧稳定同位素出现相应改变。大气环流表明全球水汽大部分还是海洋蒸发而来，所有最终影响水汽中稳定同位素组成的最首要因素就是水汽的蒸发源地的几个特征指标，分别是海表温度、盐度以及风速。在本研究区域,根据表 4-1 和表 4-2 中 δ^2H 和 $\delta^{18}O$ 的数据,并且基于“来自单一水汽源地的降水中 δ^2H 和 $\delta^{18}O$ 沿水汽输送路径不断衰减”这一原理可以清楚地看到水汽来源的方向,因此,氢氧稳定同位素组成的差异说明研究区西部主要受到西南水汽的影响,研究区东部主要受到南海水汽的影响(图 4-9)。

4.4.2 过量氘影响因素

在全球尺度下,降水中 d 的平均值在 10 左右。过量氘的数值大小主要取决于水汽源地在气团形成时的海平面上空的相对湿度、海温以及风速等因素。如果当时天气相对更干燥,水汽蒸发速率就会比较高,其风速比较大,因而 d 值就会比较大[169]。因为,温度与湿度都是决定降落过程中雨滴蒸发程度的主要因素,同时又是表征大气物理状况以及各种水汽来源最基础的特征,因此也是造成 ^{18}O 和 ^2H 之间存在着不同分馏的重要因素。在海洋表面的蒸发过程中,由于 ^2H 存在优先蒸发的情况,故而导致在蒸发形成的水汽当中 d 值变高,所以说降水中 d 值的大小主要看水汽来源地区的周围湿度大小,水汽来源地区的湿度跟降水中的 d 值表现为负相关[10]。此外,降水过程中雨滴因为在云下发生二次蒸发产生高强度分馏,d 值因此也会偏低。现有成果显示季节尺度条件下北半球降水存在冬天偏高夏天偏低的 d 值表现,但是在南半球发生的降水中 d 值表现则与之相反[170]。对于连续降水过程中 d 的变化过程尚不清晰。分析发现 d 值既能够反映降水发生过程的地理环境以及气候基础,也可以反映海洋中的海水在蒸发并形成水汽气团的时候表现出的热力条件以及水汽平衡情况。相应地,d 值如果越大,蒸发速度就越快。卫克勤等[171]研究发现 d 值能够反映出形成降水的水汽气团内部稳定同位素的构成比例,并且还含有水汽气团来源地区在水汽蒸发过程中存在的平衡与不平衡态势以及当时的蒸发快慢等。

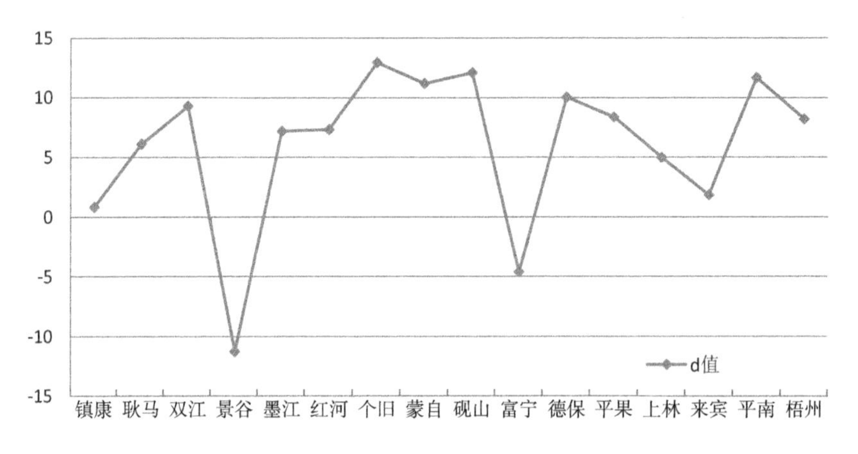

图 4-11　观测站点 d 值折线图

研究区整个雨季降水 d 值表现为图 4-11，过量氘在双江和景谷附近地区、砚山和富宁附近地区发生了较大的变化。在一次降水中，过量氘在双江和景谷附近、砚山和富宁附近、上林和来宾附近发生了较大的变化。由于过量氘的影响因素过于复杂，因此，依靠某个观测站点 d 值的改变是不能够判别水汽团运移和降水规律的，对研究区水汽输送路径进行分析判定，必须依靠对研究区域所有的空间和全部的涉及水汽输送通路的观测站点上的 SIP、GMWL 以及 d 值所表现出的特征综合开展研究。

4.5　本章小结

通过对研究区 16 个采样点大气降水的采集，测定 $\delta^{2}H$ 和 $\delta^{18}O$ 值并计算出过量氘值，然后根据数据结果作出空间插值，并结合地形地貌区域分异进行研究，主要研究结论如下：

(1)研究区雨季降水 $\delta^{2}H$ 和 $\delta^{18}O$ 空间变化格局基本一致。在研究区西部的耿马和双江附近地区的变化是老别山和邦马山在迎风坡和背风坡降水不同所导致；研究区中部的个旧附近变化原因具有不确定性，首先基于自身阴、阳两山地形和最高海拔地势的影响，其次既可能是受到西南水汽影响，也可能是受到南海水汽影响，还可能是两股水汽共同作用的结果；砚山和富宁附近变化是由于西南水汽在哀牢山地形作用下与南海水汽交互影响所引起。

(2)研究区一次性降水 $\delta^{2}H$ 和 $\delta^{18}O$ 空间变化格局基本一致。个旧和蒙自附近变化是由于无量山和哀牢山大地形作用的结果；上林附近地区的变化是由于大明山在迎风坡和背风坡降水导致的变化。但是在双江和景谷附近地区 $\delta^{18}O$ 空间变化格局比较大可能是老别山和邦马山地形作用的结果，然而 $\delta^{2}H$ 却没有表现出此特点。

(3)雨季降水和一次降水的过量氘空间分布在不同地区都发生了较大变化。因为水汽源地存在差别以及降水在形成阶段等的改变导致不同区域 d 值在时空分布方面表现出较多的差别，可能是因为雨滴的再蒸发导致了降水中重同位素(δ 升高)更为富集，所有 d 值会降低。但是影响过量氘的变化因素很复杂，例如相对湿度、海温和风速等，暂时无法给出相关合理的解释。

(4)与全球大气降水曲线相比，研究区雨季降水和一次降水大气降水线的斜率差别很小，但是截距都较小，出现这种情况与雨滴存在未饱和情况以及大气中水滴降落时重同位素发生了蒸发富集现象有关。

5 水汽来源及输送路径研究

研究表明，我国夏季受到太平洋季风与印度洋季风的共同影响，两大季风各有影响的势力范围。例如周长艳等[85]、徐祥德等[86]、庞洪喜等[80]分别得出了夏季青藏高原东部区域、“大三角扇形”区域、广西、贵州氧同位素空间变换趋势等，都是因为印度洋、太平洋两大季风共同影响造成的。两大季风来临时间有着明显的差异[27,38]。存在差异的原因，已经分别从不同角度（海水温度异常、地形起伏和来自西太平洋的副热带高压）进行了多项研究，只是到现在为止没有一个能够被普遍接受的结论[2]。在这其中比较受认可的就是吴国雄等[82]的结论：来源于青藏高原的热力以及机械强迫作用使得南亚夏季风晚于西太平洋夏季风。

虽然以往对我国的西南水汽通道及来源有大量研究，但是对来自各地理方向的水汽输送轨迹路径和水汽贡献率作定量分析的研究较少。此外，对于中国西南地区夏季降水的西南和南海水汽通道交汇区的位置有待进一步明确和重新认知。我国西南及其邻近地区的水汽输送问题比较复杂，因此对水汽来源的研究有待进一步提高。

由美国国家海洋和大气管理局（NOAA）空气资源实验室和澳大利亚气象局联合研发的 HYSPLIT 模型[146]，广泛应用于计算和分析多种污染物在各个地区的大气输送和空间扩散[172]。直到最近十年，HYSPLIT 模型（基于欧拉和拉格朗日型）开始被应用到降水过程的研究中，例如，水汽输送的路径以及水汽来源等[100,173,174]。本研究根据 NCEP 风向数据，利用 NOAA 空气资源实验室开发的拉格朗日 HYSPLIT 轨迹模式主要探讨研究区水汽来源及水汽轨迹路径，利用 HYSPLIT 后向轨迹法并结合 2013—2016 年 4—10 月的风向数据，定量计算来自各地理方向的水汽贡献率,并通过聚类分析,得到16个研究样点的水汽输送轨迹,结合研究区的地形、地貌条件,分析我国亚热带典型区域的水汽来源及水汽输送特征。

5.1 数据来源与处理

5.1.1 数据获取

本章节选取了美国国家海洋和大气管理局所提供的HYSPLIT气团轨迹模型,并利用了NCEP(美国国家环境预报中心)提供的全球资料同化系统GDAS(Global Data Assimilation System)格式的风向数据。季风在大气环流的运动下可以将来自各地理方向的水汽携带到各地,即表明风向的变化在一定程度上可以反映水汽的输送状况,因此本章利用了风向数据来对我国亚热带典型区域的水汽输送状况进行研究。同时选取研究区16个站点作为研究中心,运用了后向轨迹法来追踪到达这些站点的水汽输送轨迹,揭示水汽来源并分析水汽的输送特征、规律。利用FileZilla软件从 ftp://arlftp.arlhq.noaa.gov/archives/gdas1/网址下载gdas1数据,获得2013—2016年每年4—10月7个月的气象数据。采集的GDAS风向数据,每天分为四个UTC时间00:00、06:00、12:00、18:00(北京时间为8:00、14:00、20:00、前日2点),利用拉格朗日模式的后向轨迹法,以16个气象站点为观测终点,然后分别回溯直至到达观测点之前72 h轨迹。HYSPLIT模式把水平分辨率为1°×1°的数据插值到正形投影的地图上,再利用聚类分析方法,将具有一定相似度的轨迹归为一类,得到具有代表性的气团轨迹。模拟天顶高度为10000 m。

因数据量过于庞大(达到145 G),文中仅以示例方式展示,如下表5-1。

表 5-1　GDAS 数据示例

Elevation/ m	HGTS/ gpm	TEMP/ ℃	UWND/ (m/s)	VWND/ (m/s)	WWND/ (mb/h)	RELH/ %	TPOT/ K	WDIR/ deg	WSPD/ (m/s)
1000	104	−69.4	−60	−58.5	−129311.8	90.7	203.7	45.7	83.8
975	304	−76.8	−65.8	−56.4	−150911.8	87.7	197.7	49.4	86.7
950	510	−66.7	−66	−66.4	−207071.8	79.3	209.5	44.8	93.6
925	720	−72.1	−62.8	−60	−210671.8	80.6	205.6	46.3	86.9
900	934	−72.8	−62.6	−59.6	−217871.8	86.7	206.5	46.4	86.5
850	1376	−79.9	−67.9	−55.5	−220751.8	80.8	202.5	50.8	87.7
800	1844	−86.1	−66.3	−62.9	−215711.8	27.4	199.3	46.5	91.4
750	2341	−73	−63.8	−57.8	−238031.8	17.4	217.3	47.8	86.1
700	2868	−81.6	−73.8	−53.2	−236591.8	35.8	212.1	54.2	91
650	3383	−83.5	−58	−63.5	−222192	48.2	214.5	42.4	86.1
600	3981	−84.2	−63.9	−55.6	−203474.5	31.2	218.6	49	84.7
550	4660	−88.8	−46.2	−56.3	−200162.8	14.9	218.7	39.4	72.8
500	5351	−100.3	−42.1	−56.9	−210169.3	21.3	210.7	36.5	70.8
450	6101	−100.9	−47.3	−52.2	−222408.7	61.8	216.4	42.2	70.5
400	6918	−107.3	−46.2	−45.7	−212329.3	96.1	215.5	45.3	65
350	7817	−113.2	−46.1	−40.7	−215210	99.1	215.9	48.5	61.5
300	8816	−120.9	−43.7	−32.3	−231049.1	63.7	214.9	53.6	54.3
250	9980	−124.8	−44.9	−60.5	−201600.3	24.4	220.6	36.6	75.4
200	11413	−117.1	−51.8	−54.4	−197208.3	18	247.2	43.6	75.2
150	13272	−113.2	−53.1	−56.3	−193607.8	3	275.1	43.3	77.3
100	15848	−113.2	−41.9	−58.4	−221039.4	1	308.9	35.7	71.9
50	20335	−129.3	−52	−64.7	0	0	338.7	38.8	83
20	26190	−120.8	−28	−79.3	0	0	466.2	19.5	84.1

5.1.2　数据处理

利用 MeteoInfo 气象绘图软件和 TrajStat 插件对 NCEP 提供的 GDAS 风向数据进行处理，计算 16 个气象站点的 2013－2016 年的每年雨季(4－10 月)的水汽贡献率，再通过轨迹聚类分析，得到水汽输送轨迹图,最后在 MeteoInfo 软件里绘制轨迹图。

1.轨迹图绘制

本章采用后向轨迹 HYSPLIT 模式来追踪云南、广西两省区水汽的来源,在采用该模式进行计算之前,需要在已经安装好 TrajStat 插件的 MeteoInfo 软件中设定模拟轨迹所需要的参数,其步骤从略。重复步骤,对云南(镇康、耿马、双江、景谷、墨江、红河、个旧、蒙自、砚山和富宁)和广西(德保、上林、来宾、平南、平果和梧州)16 个站点的 2013－2016 年雨季(4－10 月)的所有月份分别进行计算,需要说明的是该轨迹图是每个月的月平均图。经过以上计算,共得到 128 个格式为 shp 的月平均轨迹文件。在 MeteoInfo 软件中加载 shp 轨迹文件,可以得到两个结果:1)把每个站点的所有月的 shp 格式的轨迹文件加载到一个 mip 轨迹文件里,得到的结果为每个站点 2013－2016 年 4－10 月的所有轨迹图,16 个站点即共得到 16 个 mip 轨迹文件;2)把所有站点相同月的 shp 格式的月平均轨迹文件加载在一个 mip 轨迹文件里,得到的结果为每个月份的所有站点的平均轨迹图,7 个月共得到 7 个 mip 格式的平均轨迹文件。在 MeteoInfo 软件中对 16 个站点和 7 个月的轨迹进行修整及绘制,以便观察不同站点和不同月份的水汽输送特征和规律,进而有利于对云南、广西两省区雨季水汽来源和水汽输送路径进行分析。

2.结果统计

在 MeteoInfo 软件中,打开上述 7 个月平均轨迹图,查看属性表,根据轨迹的来源方向判断水汽的来源方向,并将各个地理方向的水汽来源对各个站点的水汽贡献率提取、整理到有 Excel 表中,统计后最终生成的结果为:水汽来源方向及其贡献率(表 5-2)。其中包括各个站点的基本信息和 4－10 月各月份以及整个雨季的水汽来源方向和贡献率。

5.1.3 数据分析

本章节采用拉格朗日模式后向轨迹法模拟16个站点的水汽输送路径，并通过空间聚类分析方法，将具有一定相似度的轨迹归为一类，得到气团轨迹图。本研究主要涉及两个计算方法：(1)水汽输送轨迹聚类分析；(2)水汽通道贡献率的计算。

1.轨迹聚类分析

本章主要采用的是Draxler等所提出的总体空间最小方差聚类分析方法，也就是假设有N条轨迹，然后定义每个簇所有的空间方差是该簇内每一条轨迹和簇平均轨迹所对应点之间的距离平方和，而且每一条轨迹在开始时刻，特别定义空间方差分别为零，并独立且各自为一个簇，接着算出有可能成为组合的所有两个簇之间的空间方差，两簇任意选择合并为一新的簇，并使得最终合并后所有簇之间空间方差的和(Total Spatial Variance，TVS)最小，这样直到所有的轨迹逐渐合并为一，成为一个簇。在开始几步TVS迅速增加，之后TVS增加缓慢，但当形成簇的数量达到一定值之后，随着进一步的合并，TVS的值又迅速增大，这说明这时两个将要合并簇的相似度已经非常低，因此把TVS第二次迅速增大的点看作分簇过程之结束点，并最终计算获得平均轨迹。

2.水汽通道贡献率的计算

江志红等在对淮河流域强降水过程的水汽输送轨迹进行研究时，指出了水汽轨迹通道贡献率的计算方法如下：

$$Q_s=\frac{\sum_{1}^{m}q_{\text{last}}}{\sum_{1}^{n}q_{\text{last}}}\times 100\% \tag{5-1}$$

其中，Q_s 表示不同通道水汽贡献率，q_{last}表示水汽通道上最终位置的比湿，m 表示通道内包含的轨迹条数，n 表示轨迹总数。

5.2 水汽源地及输送路径

5.2.1 雨季水汽来源及贡献率定量分析

依次输入 GDAS 数据，按照月份计算平均值，共形成每个月的多年平均水汽来源方向及比例。操作过程为：输入数据，设定模型参数，计算轨迹数据，完成轨迹聚类，人工辨别统计轨迹方向。16 个气象站点 2013—2016 年雨季（4—10 月）大气降水的水汽来源方向及其贡献率结果见表 5-2。

表 5-2 16 个气象站雨季降水的水汽来源方向及其贡献率

站点	10月	9月	8月	7月	6月	5月	4月	总体
镇康	47.74%西南 52.26%东北	23.65%南方 76.35%西南	西南	西南	西南	西南	西南	西南
耿马	62.65%西南 32.53%东北 4.82%东方	13.98%西南 86.02%东方	24%东南 76%西南	3.03%东南 96.97%西南	西南	西南	西南	西南
双江	31.53%东北 8.1%东方 60.36%西南	59.08%西南 40.91%东方	22%东北 78%西南	西南	西南	西南	西南	西南
景谷	45.04%西南 25.22%东北 29.73%东方	39.78%东方 60.22%西南	5%东北 68%西南 27%东方	2.83%东南 97.17%西南	西南	西南	西南	西南
墨江	9.91%东北 57.65%东方 32.44%西南	9.68%西南 90.32%东方	15%东北 58%西南 27%东南	2.83%东南 97.17%西南	西南	西南	西南	17.38%东方 82.62%西南
红河	5.4%西南 22.52%东方 72.08%东北	5.38%西南 27.96%东北 66.66%东方	85%东方 15%东北	2.83%东南 97.17%西南	西南	西南	西南	27.20%东北 62.96%西南 6.56%南方 3.28%东南
个旧	63.07%东北 36.93%西南	36.56%西南 4.3%东北 59.14%东方	5%东北 34%西南 61%东方	西南	西南	西南	西南	西南

续表

站点	10月	9月	8月	7月	6月	5月	4月	总体
蒙自	51.35%东北 48.85%东方	35.49%西南 64.51%东方	57%东方 43%西南	2.83%东南 97.17%西南	西南	西南	西南	36.81%东南 63.17%西南
砚山	26.12%西南 18.92%西北 54.95%东北	26.88%东北 73.12%东方	24%西南 5%东北 71%东南	13.21%北方 48.11%西南 39.68%南方	西南	西南	西南	西南
富宁	5.4%东方 94.6%东北	73.12%东北 26.88%东方	15%东北 58%东南 32%东方	47.17%西南 28.3%东北 24.53%东南	70%东南 30%西南	91.89%西南 8.11%南方	45.8%西南 54.2%南方	30.57%南方 20.43%西方 49.2%东南
德保（宝）	2.7%东方 91.88%东北 2.72%北方 2.7%南方	74.19%东北 25.81%东方	85%东南 15%东方	16.04%东北 44.34%南方 39.62%西南	22.43%东南 42.06%南方 35.51%西南	8.11%南方 91.89%西南	21.50%西北 2.8%南方 75.7%西南	3.65%东北 47.57%南方 48.75%东南
平果	2.7%东方 97.3%东北	33.34%东方 66.66%东北	5%东方 95%南方	13.21%东北 47.17%西南 39.62%南方	26.17%东南 23.36%南方 50.46%西南	34.23%南方 65.77%西南	2.82%东南 28.96%西南 68.22%南方	65.81%南方 34.19%东南
上林	5.4%西方 94.6%东北	13.98%东北 86.02%东方	10%东北 90%东南	13.21%东北 39.62%南方 47.17%西南	39.24%西南 60.76%南方	10.81%西方 45.04%南方 44.14%西南	30.84%北方 31.78%东南 2.8%南方 34.57%西南	东南
来宾	东北	23.66%东南 76.44%东北	75.76%东南 9.09%南方 15.15%东北	13.21%东北 55.66%东南 32.13%西南	36.44%西南 63.56%南方	22.52%西南 26.13%东南 51.36%南方	25.23%西南 49.53%南方 25.23%北方	东南
平南	8.42%东方 91.58%东北	东北	78.2%南方 5%东方 13%西南	41.51%东南 58.49%南方	28.97%东南 15.89%南方 55.14%西南	16.96%南方 83.04%西南	14.02%西北 30.84%西南 52.34%南方 2.8%东北	东南
梧州	东北	67.74%东北 32.26%东方	82.36%南方 17.64%东方	南方	91.6%南方 8.4%西南	97.3%南方 2.7%西方	21.5%南方 14.95%西南 63.55%东北	东南

注：表中数据均通过四舍五入得到。

轨迹聚类统计后，生成研究区（云南）2013—2016 年各站点雨季（4—10 月）降水的后向轨迹模拟结果，见下图 5-1。

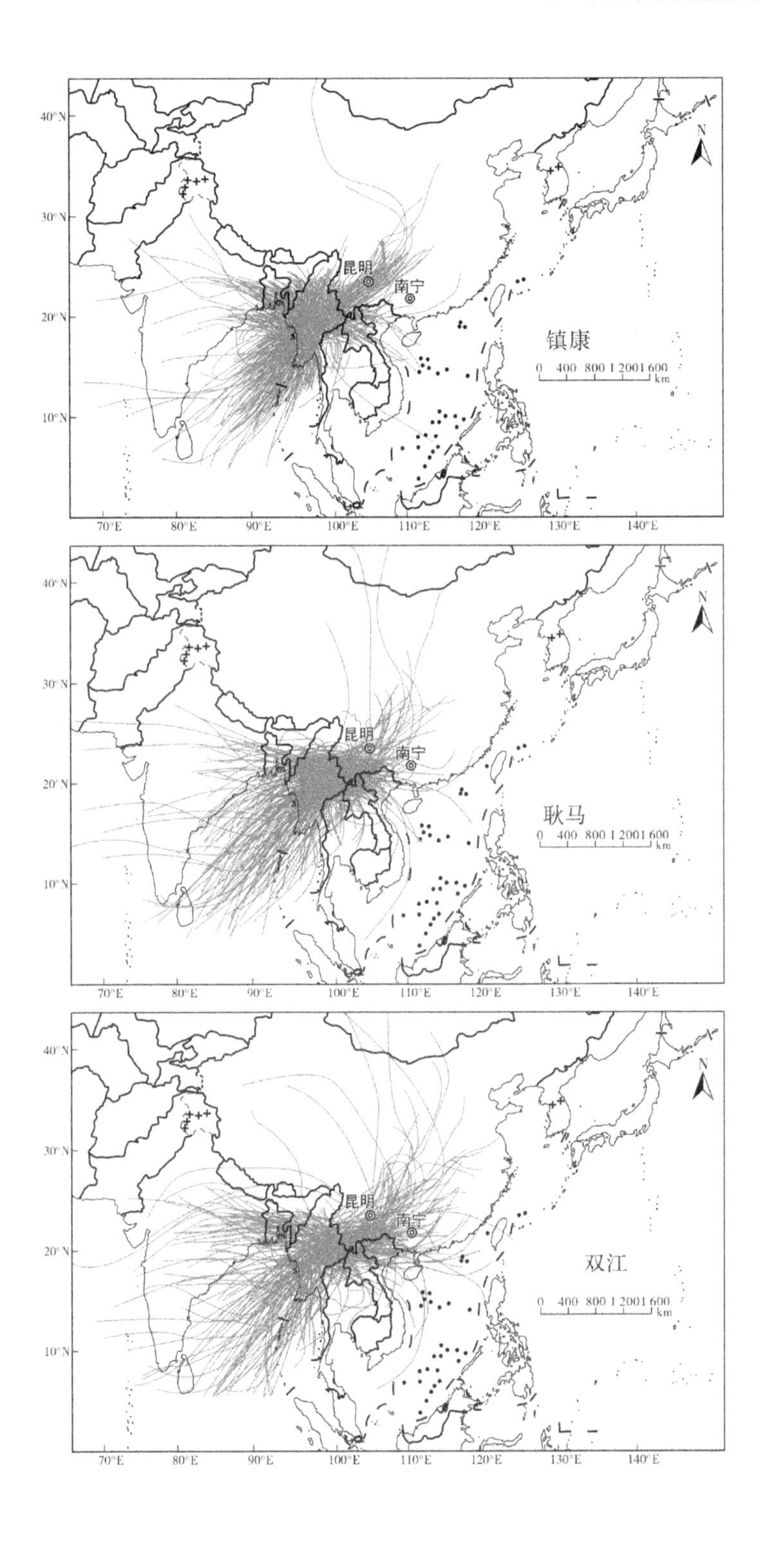

40°N
30°N
20°N
10°N
70°E
80°E
90°E
100°E
110°E
120°E
130°E
140°E
N
昆明
南宁
镇康
0 400 800 1 200 1 600
km
昆明
南宁
耿马
0 400 800 1 200 1 600
km
昆明
南宁
双江
0 400 800 1 200 1 600
km

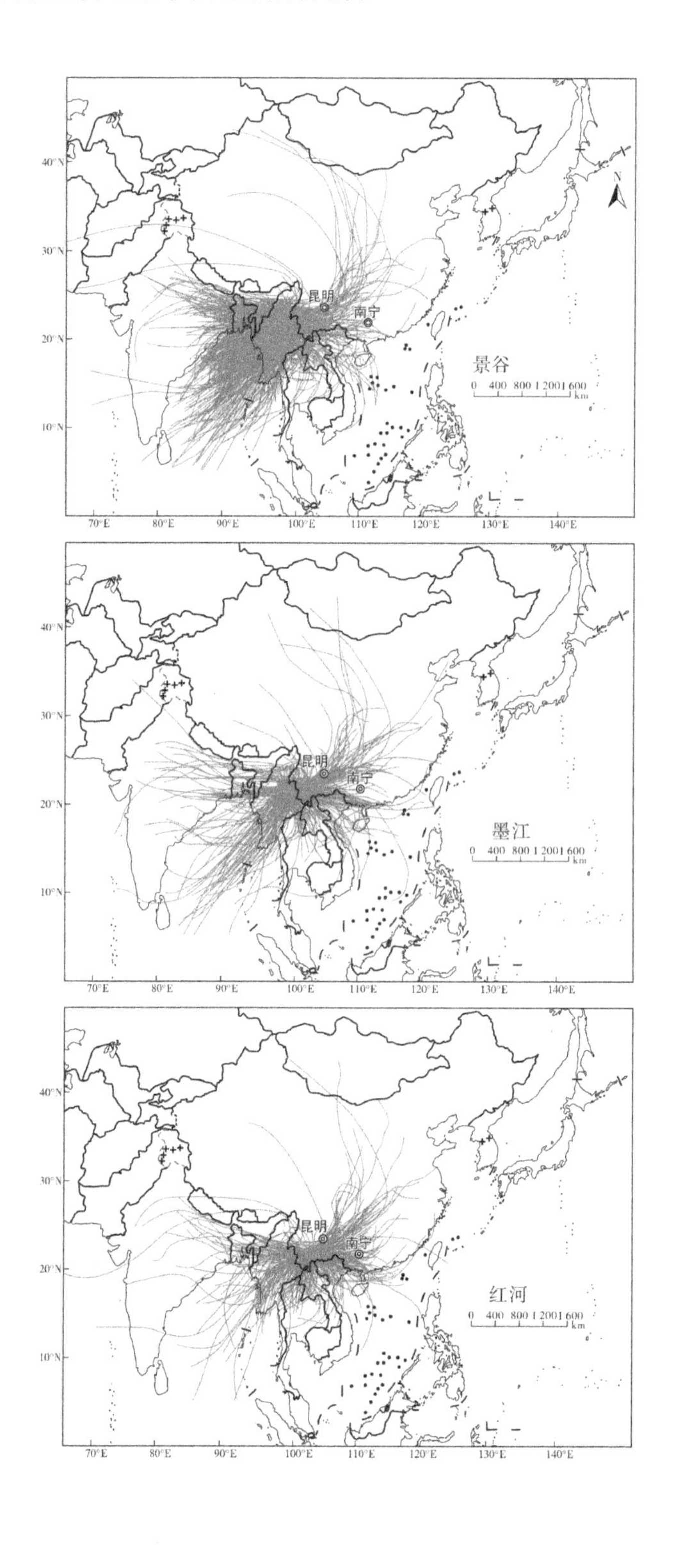
昆明
南宁
景谷
0 400 800 1 200 1 600
km
墨江
红河
40°N
30°N
20°N
10°N
70°E
80°E
90°E
100°E
110°E
120°E
130°E
140°E
N

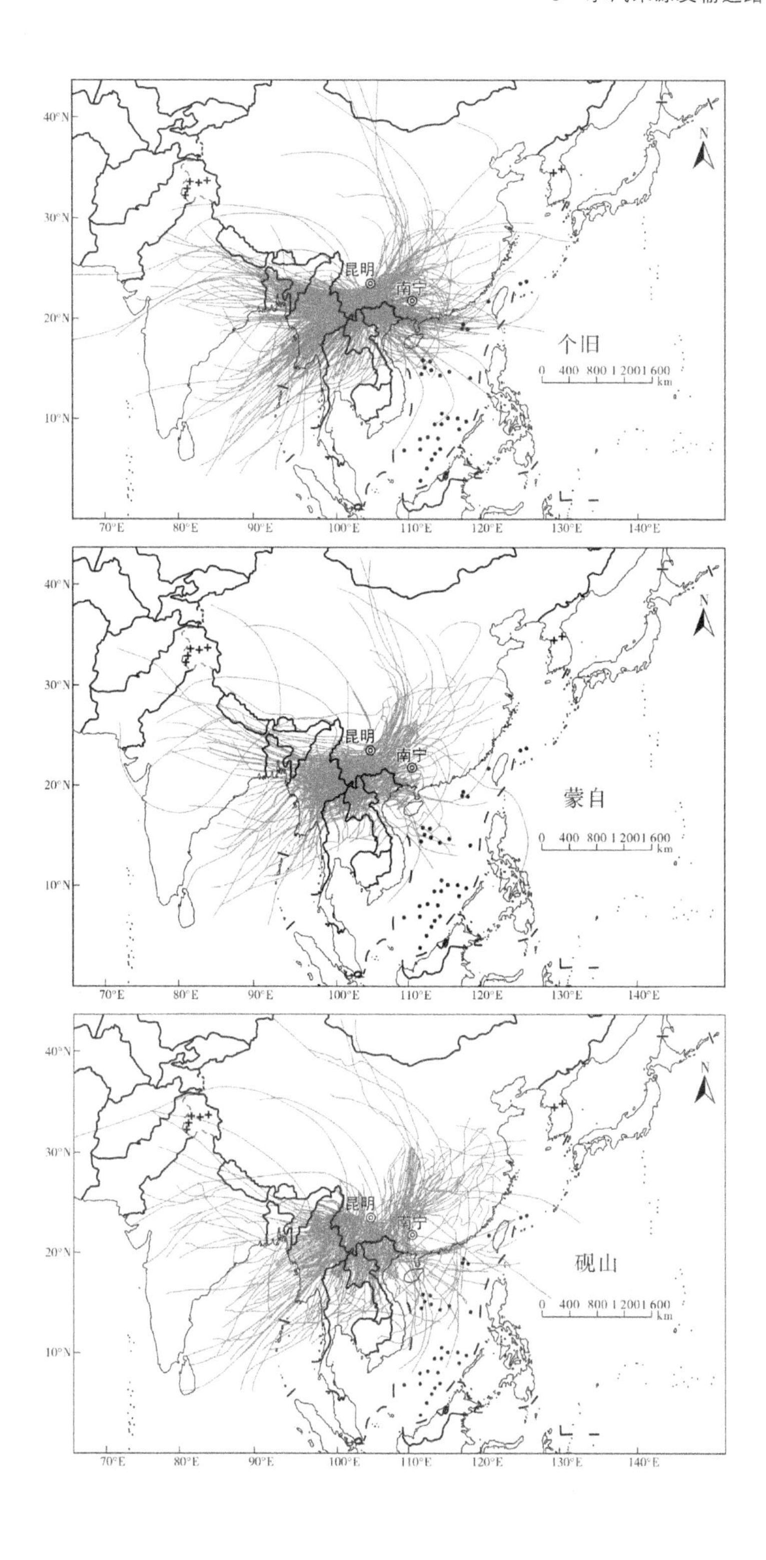

昆明
南宁
个旧
蒙自
砚山
0 400 800 1 200 1 600
km
N
40°N
30°N
20°N
10°N
70°E
80°E
90°E
100°E
110°E
120°E
130°E
140°E

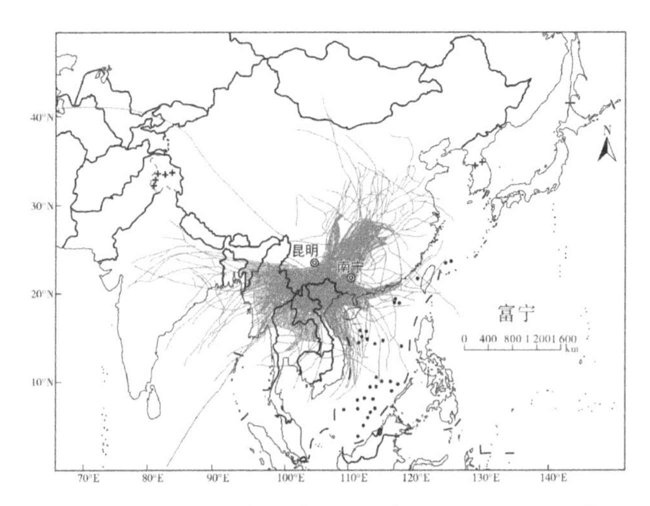

图 5-1 2013—2016 年雨季观测站降水的后向轨迹(云南)

从图 5-1 可以看出,研究区云南各研究站点雨季降水的水汽源地基本上相同,但来自不同地理方向的水汽贡献率和水汽输送轨迹都有所差异,这主要是由于各研究站点所处的地理位置不同所产生的区域分异。根据以往研究,夏季输送到中国大陆地区的水汽概括起来讲低纬通道有三条:一条是西南通道(也就是南亚季风),一条是南海通道(南海季风),还有一条是东南通道(副热带季风)[12,20]。谢义炳曾指出云南省存在两条湿空气:一条是来自孟加拉湾的西南水汽,另一条是来自太平洋的南海水汽[25]。研究结果也基本印证了前人的研究结论。

(1)孟加拉湾的西南水汽是云南省雨季降水的重要水汽来源。从图 5-1 中云南镇康等 10 个研究样点 2013—2016 年雨季(4—10 月)的后向轨迹中可以发现,云南雨季降水的水汽源地是孟加拉湾、南海、欧亚大陆、西伯利亚和蒙古一带的极地气团。其中以孟加拉湾的水汽为主。从时间上来看,整个雨季云南省各研究样点的降水均有一定比例的水汽是源自孟加拉湾的西南水汽输送,尤其是在 4—7 月期间。云南省 10 个研究样点降水的水汽几乎全部来自于印度洋、孟加拉湾的西南水汽输送。由此可以推断,孟加拉湾的西南水汽是云南省雨季降水的重要水汽来源;然而,在 7、8 月间,南海水汽占较大比例;9、10 月间,西风带和极地气团也占一定比例。

(2)南海水汽对个旧、蒙自、砚山、富宁降水的影响比较大。从各研究样点的水汽输送情况来看,从西往东镇康直至红河各研究样点雨季的降水表现主要来自孟加拉湾的水汽输送,而从其他各方向而来的水汽输送贡献比较低(图 5-1)。研究样点个旧、蒙自以及砚山和富宁的水汽输送后向轨迹表明,来自南海的水汽输送轨迹较其他研究样点多且密度大,同时表 5-2 清晰地显示,在 7 月、8 月,南海的水汽对这几个研究样点的水汽输送贡献率也较其他站点大。由此可以推断,南海水汽对个旧、蒙自、砚山、富宁降水的影响比较大。除此之外,个旧、蒙自、砚山、富宁这几个研究样点受到北部大陆极地冷气团水汽输送的影响较大,尤其是距离广西壮族自治区最近的富宁站,其水汽输送后向轨迹与下图5-2研究样点德保(宝)的水汽输送来源及轨迹相似。从个旧、蒙自、砚山、富宁等研究样点的结果中可以看出,越靠近广西壮族自治区的地区,其在 7、8 月受到南海水汽和在 9、10 月受到北部大陆极地冷气团的影响越强烈。

(3)云南各研究样点均受到西风带的扰动影响。从图 5-1 中还可看出,云南各研究样点均受到西风带的扰动影响,其水汽源地为欧亚大陆,但在季风的后期受到西风带影响比较强烈。由于受到青藏高原高海拔地形的控制,来自西风带的气流在青藏高原的西侧被分为南北两侧气流,南北两支水汽绕过青藏高原在高原东侧汇合,将水汽输送到云南省,因此,西风带的气流对云南的降水也会产生一定的影响。除此之外,由于处于季风的后期,西风带携带的水汽比较少,再加上较少的水汽输送轨迹(图 5-1),所以该水汽通道在雨季输送的水汽较弱。

总而言之,研究区云南部分的研究站点结果表明,云南雨季降水主要来源于印度洋、孟加拉湾的西南水汽输送。

研究区广西 2013—2016 年各站点雨季(4—10 月)降水的后向轨迹模拟结果见图 5-2。

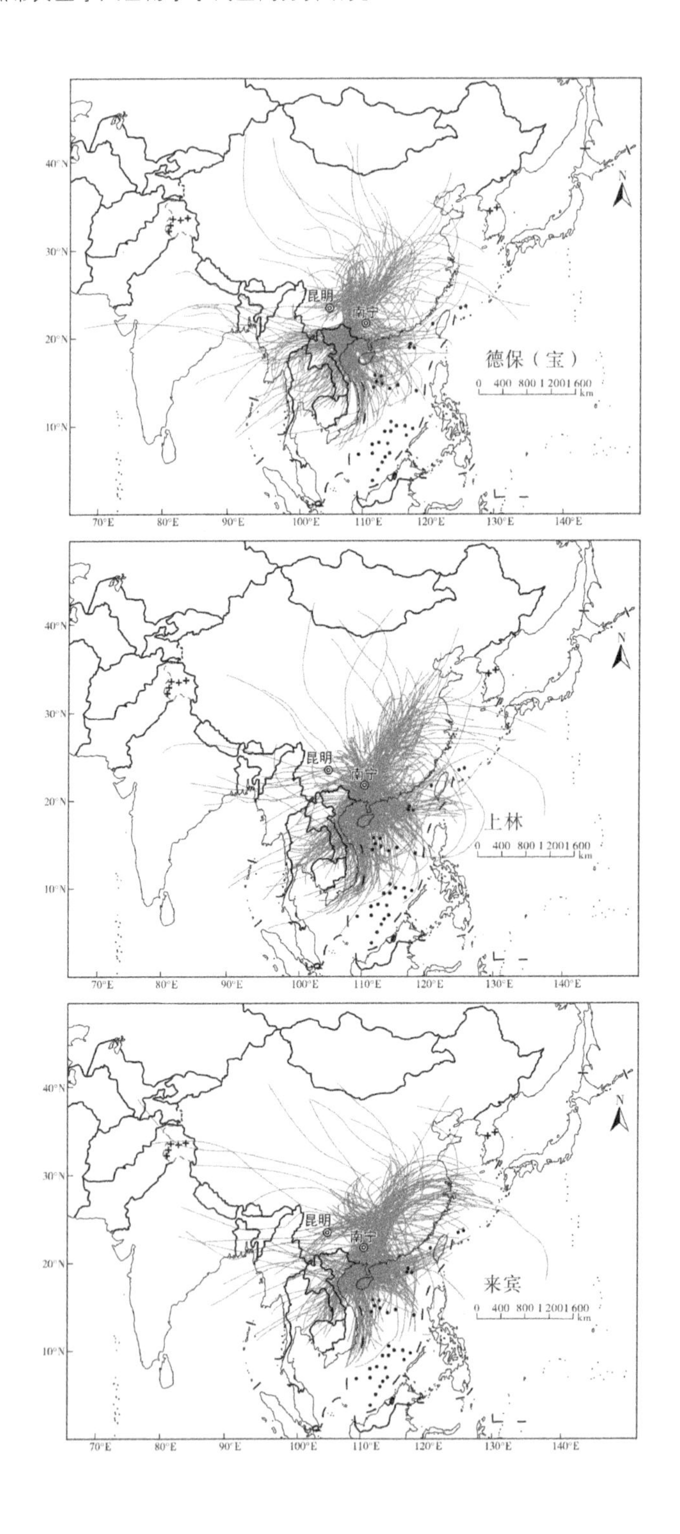
40°N
30°N
20°N
10°N
昆明
南宁
德保（宝）
0 400 800 1 200 1 600
km
N
70°E
80°E
90°E
100°E
110°E
120°E
130°E
140°E
上林
来宾

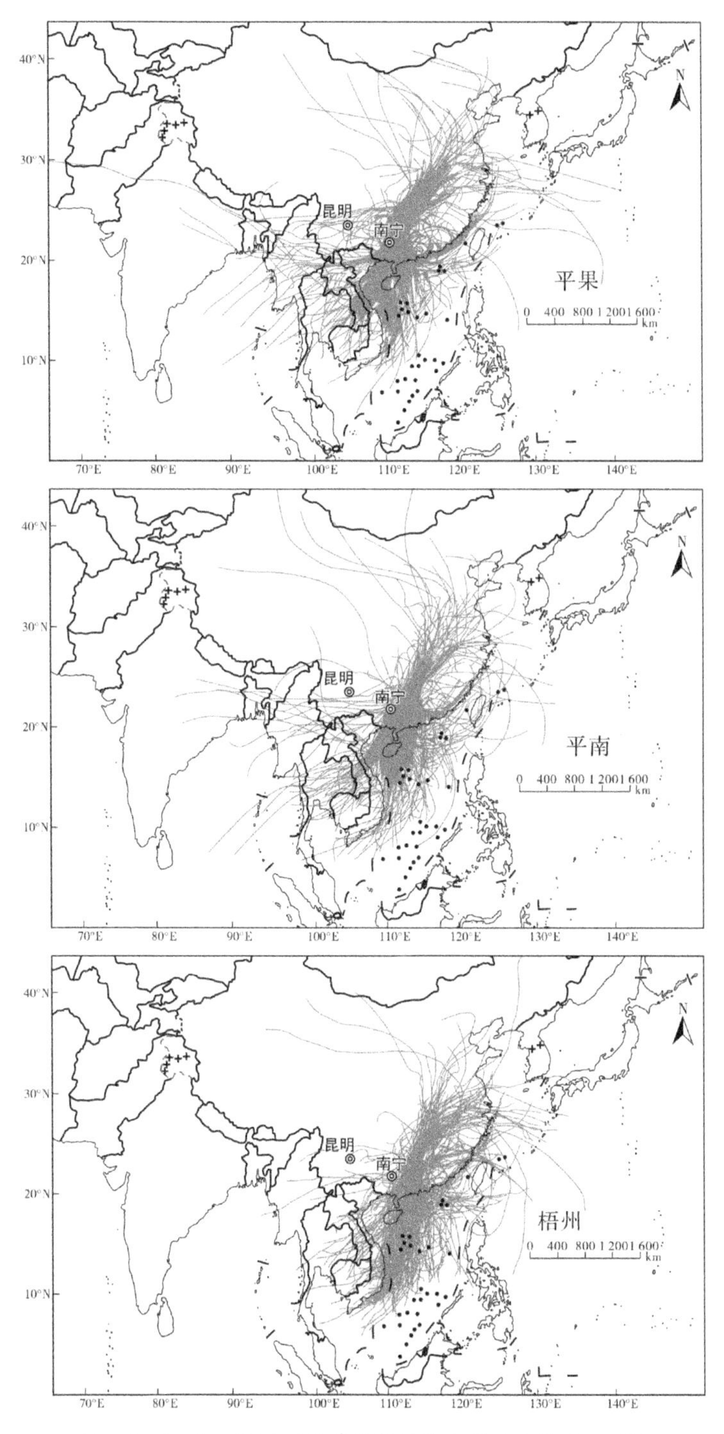

图 5-2 2013—2016 年雨季观测站降水的后向轨迹(广西)

从图 5-1 云南省及图 5-2 广西壮族自治区的各研究站点的水汽来源轨迹路径中可以看出，两省区的水汽源地存在相同之处，尤其是距离广西壮族自治区较近的研究样点，其雨季降水的后向轨迹图与广西各站点降水的水汽输送后向轨迹十分相似，但结合表 5-2 各站点的水汽来源及贡献率数据结果后发现，由于地貌、地形等因素的影响，来自各地理方向的水汽源地对云南、广西两省区的水汽输送还是存在较大的差别。从广西壮族自治区各研究样点的后向轨迹(图 5-2)中可以看出，广西壮族自治区降水的水汽源地是南海、孟加拉湾、西伯利亚和蒙古的极地气团、太平洋北部(包括我国的东海、黄海以及菲律宾群岛海区)、西风带，其中以南海水汽为主。

(1)南海是广西雨季降水的主要水汽源地。表 5-2 显示，在所研究的时间区间(4—10 月)上，广西德保(宝)等 6 个研究站点降雨的水汽来源中均有源自南海的水汽输送，其水汽贡献率所占总水汽输送的比重较大，再加上广西壮族自治区与南海临界的地理优势，因此南海成为广西雨季降水的主要水汽源地。通过对比 6 个研究站点的水汽输送贡献率后发现，孟加拉湾的西南水汽对平南和梧州的水汽输送贡献率与其他 4 个研究站点相比较少。原因可能是平南和梧州位于广西壮族自治区的东边，距离孟加拉湾较远，因此源自孟加拉湾或印度洋的西南水汽在向东输送的过程中，由于距离因素的限制，导致水汽有一定的损失，因此，输送到平南和梧州的水汽大量减少。此外，由于梧州地貌属华南丘陵区，在平南和梧州附近自东南向西北依次有勾漏山—大容山—大瑶山，当孟加拉湾的西南水汽经过勾漏山—大容山—大瑶山，一部分水汽被阻挡，另一部分水汽经过勾漏山—大容山—大瑶山后，水汽急剧减少，因此，由于地形、地貌因素，导致最终到达平南和梧州的西南水汽较之前减少了许多。总之，在距离、地形、地貌等因素的影响下，平南、梧州受到孟加拉湾的西南水汽的影响相对较小。

(2)夏季风盛行期间广西夏季的水汽来源以孟加拉湾、南海并重。在夏季风盛行的5—8月，广西夏季的水汽来源以孟加拉湾、南海并重，因为这两支水汽来源对广西的水汽输送量相差不大，而来自太平洋北部的水汽输送较少。从图5-2中可以看出，在所有的轨迹中只有一部分水汽输送轨迹来自西太平洋（除南海之外），但图5-2中，来宾和平果的水汽输送路径中来自西太平的轨迹较长，其中输送轨迹较长的水汽主要来自西太平洋副热带高压区，可能是由于来自太平洋副热带高压的水汽在输送的过程中，大量的水分散失，所以最终输送到广西的水汽含量偏低。因此，广西夏季降水的三条水汽通道中，太平洋北部通道的水汽输送相对较弱些，即广西夏季的水汽来源以孟加拉湾、南海并重。

（3）季风后期的广西水汽源地为西伯利亚与蒙古高压的极地冷气团。到了9月和10月，来自南海以及西南方向的水汽输送强度都变小，而从东北方向传输而来的水汽就成为广西地区降水最主要的原因，其水汽源地为西伯利亚与蒙古高压的极地冷气团。来自极地的冷气团与温暖的水汽相遇往往会产生一定的降水，但由于该冷气团携带的水汽水分含量较少，再加上南海与西南水汽的减弱，从而不容易形成强的降水。与此同时，广西降水有部分水汽是来自西风带携带的水汽输送。表5-2显示，越靠近季风的后期，北部的大陆冷气团对广西降水的影响越大。

总之，广西雨季降水以南海水汽输送为主，各水汽源地对云南、广西两省区的水汽输送随着季风的强弱及天气气候的变化而产生不同强度的影响。

5.2.2　各月份水汽输送路径分析

HYSPLIT后向轨迹模式模拟研究区16个气象站2013—2016年雨季（4—10月）各月份的平均后向轨迹示意图见下图5-3。

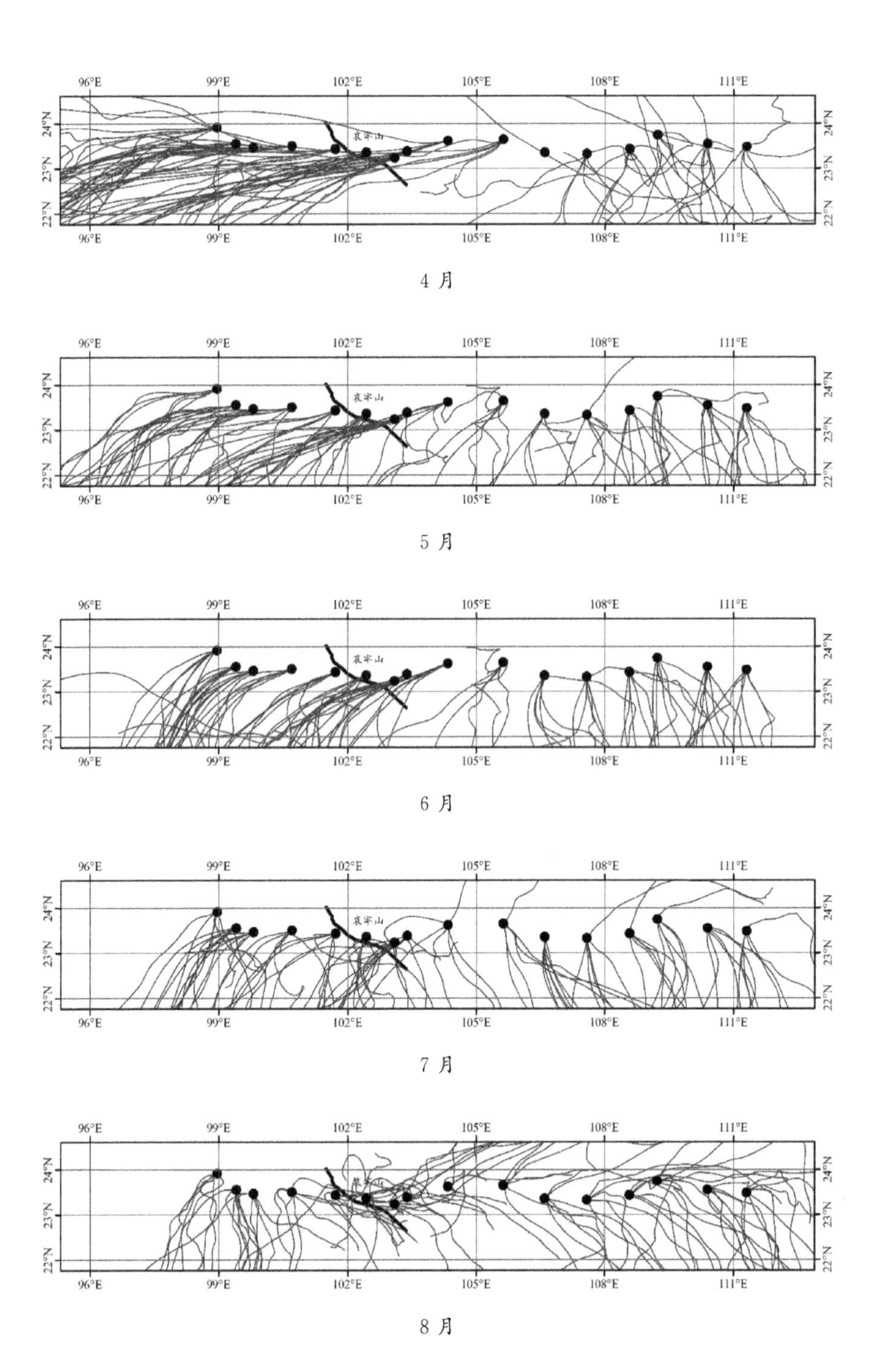

4 月

5 月

6 月

7 月

8 月

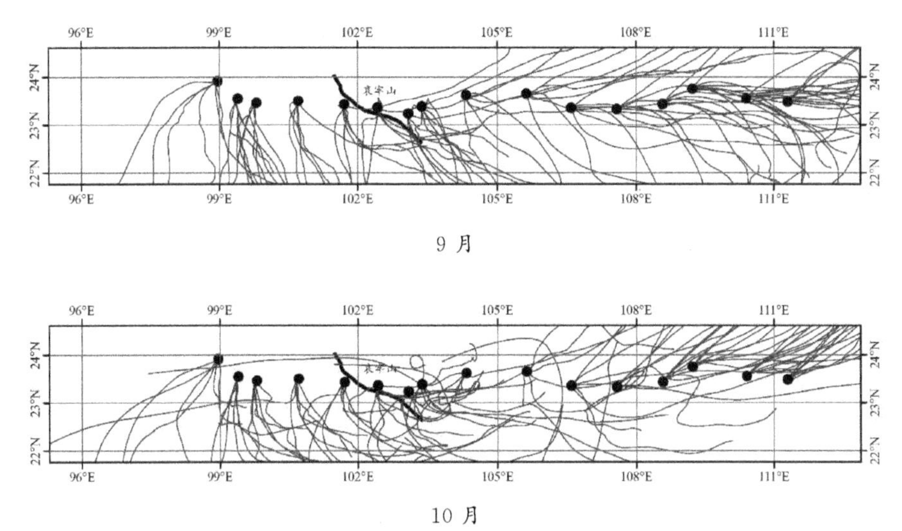

图 5-3　研究区 16 个观测站 2013—2016 年雨季各月的平均后向轨迹示意图

上图 5-3 分别表示了 4—10 月，研究样带上各个站点水汽来源的轨迹，线条代表了水汽运行轨迹路线，线条的方向代表了水汽运行的来源方位，而肉眼所见的线条的疏密并不能代表水汽输送的多寡。但是，从图中已经比较清晰地看出各研究站点在不同月份的水汽来源方向，也就是说，不同月份观测站点的水汽源地已经比较明了地显示出来。为了能够更直观且定量地展示各个站点不同月份水汽来源方向以及各地理方向上水汽的贡献率，特以图 5-4 研究区 16 个气象站 2013—2016 年雨季各月不同来向水汽贡献率示意图和图 5-5 镇康雨季各月不同来向水汽贡献率示意图来表示。只是图 5-4 和 5-5 不能灵活表达水汽输送轨迹，故与图 5-3 对比分析，可以很好地解决以上问题。

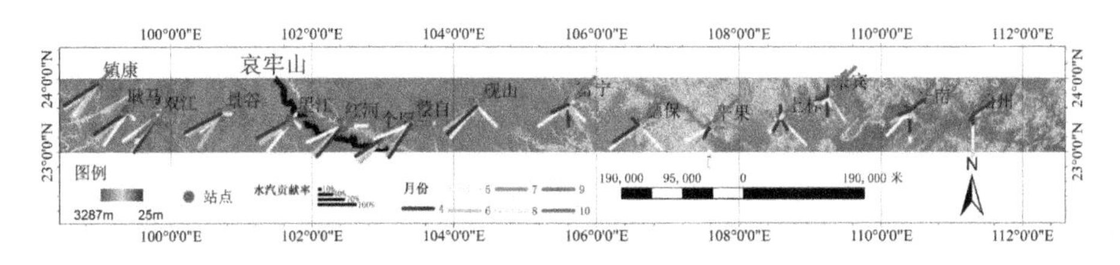

图 5-4　研究区 16 个气象站 2013—2016 年雨季各月不同来向水汽贡献率示意图

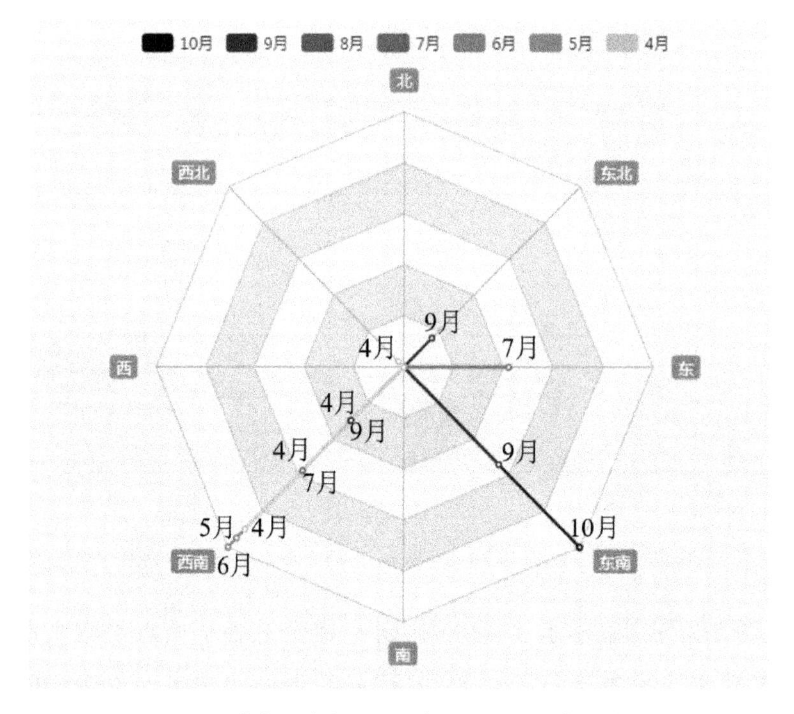

图 5-5　镇康雨季各月不同来向水汽贡献率示意图

从图 5-3 中可以看出,4 月份轨迹表现为,西部云南省区域降水大多来源于从西南方向而来的孟加拉湾水汽。而图上所示输送路径表明,大多是通过两条轨迹路径将水汽带到云南一带:比较明显的路径有从阿拉伯海而来经由印度半岛后,继续北上越过喜马拉雅山脉进入我国云南地区;另一条路径为从孟加拉湾朝着东北方向传递,途径中南半岛输送到我国云南省。根据表 5-2 表明,从南海而来的水汽在西南方向水汽之外也影响了云南地区的降水,即距离广西壮族自治区较近的富宁地区的水汽来源中有 54.2%的水汽贡献率是源自南海水汽输送。广西壮族自治区降水主要存在三个水汽来源,首先是来自西南方向的孟加拉湾水汽,这条水汽展现的输送路径基本是从孟加拉湾先向东再向北,经过中南半岛在南海的西北部与南海水汽汇合输送到广西;第二支水汽源自南海水汽的输送,即南海水汽北上直接将水汽输送至广西,对广西的降水产生贡献;第三支水汽来源于西风带,广西德保(宝)和平南气象站点中分别有

21.5%和14.02%的水汽贡献率是来自于西风带携带的水汽输送。总之，从来自各地理方向的水汽源地对广西壮族自治区的水汽贡献率结果中可以看出，南海水汽为广西壮族自治区降水的主要水汽来源。

5月是夏季风盛行的时间，此时季风携带大量水汽表现为湿度大而且蒸发弱，不断地由海洋吹向大陆地区。5月，云南降水的水汽主要来源路径与4月的水汽来源输送路径相似，而将水汽输送到云南省的水汽通道亦有两条。几乎全部的水汽来源于印度洋、孟加拉湾地区，只有云南富宁中有一部分水汽源自南海水汽源地，其水汽贡献率为8.11%。由此说明，来自印度洋(孟加拉湾)方向的水汽成为云南降水组成中的最大来源。而广西地区5月的水汽来源为两个：首先是印度洋(孟加拉湾)方向水汽由南及北最终形成的西南气流，来自孟加拉湾的水汽经过中南半岛后，由于受到中南半岛西部山地地形的影响，所以在水汽通过中南半岛后，西南气流携带的水汽会有所减少；另一支为来自南海的水汽，从南海上输送的水汽首先从我国的海南岛登陆，然后直接到达我国的广西。由于邻海的地理位置优势，该支水汽在输送的过程中水汽损失比较少，所以该方向上的水汽输送对广西壮族自治区降水的水汽输送贡献率最大，为广西壮族自治区降水主要的水汽来源。

6月轨迹表现为，研究区西部云南区域降水中水汽来源路径还是以南亚季风携带而来的西南气流为主，这条水汽输送展现的轨迹路径是从孟加拉湾而来的水汽在经由中南半岛之后再进入云南地区。与4、5月相似，距离广西较近的富宁站的水汽来源中仍有一部分水汽来自于南海水汽，其水汽贡献率为70%。由此可以看出，与广西壮族自治区距离较近的地区受到南海水汽的影响，且所受影响的结果较大。广西6月的水汽来源有两支，一支来源于孟加拉湾，另一支来源于南海，其中源自南海的水汽首先在我国的海南岛登陆，然后进入广西，而源自孟加拉湾的西南水汽通过两条路径到达广西壮族自治区，第一条路径为，从孟加拉湾出发到达中南半岛北部后可能与来自南海的南方气流形成复合气流共同进入我国广西，给广西带来充沛的雨水，第二条路径为源自孟加拉湾的水汽往东北方向，经过中南半岛和南海的西北部，直接将水汽输送至广西。

7月，有三条水汽输送路径输送水汽到云南省，其中南方路径有两条。第一条路径为来自孟加拉湾的水汽穿过中南半岛在南海的西北部与南海水汽汇合后输送到云南省，该水汽源地对云南的水汽输送贡献率最大。第二条路径的水汽输送来源为经过我国东南部的东亚季风所携带的水汽。第三条路径为北方路径，该条轨迹的水汽来源为西伯利亚与蒙古高压的冷空气输送。北方路径带来的冷空气与孟加拉湾带来的暖湿水汽相遇后往往会产生降雨，云南砚山、富宁的水汽来源中分别有13.21%和28.3%水汽贡献率是通过北方轨迹路径输送的。从广西7月的后向轨迹图、水汽来源及贡献率数据结果中看出，广西7月的水汽源地分别为印度洋、孟加拉湾、南海和西伯利亚与蒙古极地高压区，较5、6月的水汽输送来源增加了一支源自北方的水汽输送。其中源自南海和孟加拉湾的水汽输送路径与5、6月的水汽输送路径有所相似。所增加的北方路径的水汽来源为自北部大陆冷气团经过我国的中部将水汽输送到我国的南方地区，进而移向广西，对我国的西南及南部地区的降水产生一定的影响。表5-2显示，此条路径所携带的水汽对广西降水的影响比较小。

8月，云南降水有三支水汽来源，其中第一支是从印度洋越过赤道后经过孟加拉湾地区，再向东北方向运移所形成的西南方向的水汽输送。这股水汽输送基本路径为最初的印度洋的水汽从印度半岛北部到达孟加拉湾北部区域，继续北上，被青藏高原阻挡后，通过横断山脉到达云南。第二支水汽来源是南海，南海水汽对云南的水汽输送较弱，由于云南省各研究样点距离南海较远，所以从南海输送到云南省的水汽较少，只有与广西距离较近的部分地区才能够受来自南海的水汽输送的影响。第三支为来自北部极地大陆冷气团的水汽输送，由于8月我国西南地区持续受到夏季风的影响，而夏季风携带的水汽比较多，所以南亚季风携带的大量水汽继续输送到云南。云南省各研究样点受到北部大陆极地冷气团的水汽输送的影响较弱。虽然输送到云南的三支水汽来源的贡献率均有所变化，但来自孟加拉湾的水汽输送仍然为云南省降水的主要水汽来源：只不过与5、6、7月的水汽相比较来说，孟加拉湾的水汽输送强度有所减弱，而南海水汽对云南的水汽输送受到距离因素的限制，即来自南海的水汽在输送的过程中逐渐减少，只有一小部分水汽到达云南。所以，孟加拉湾仍然为云南的主要水汽源地。广西壮族自治区降水亦有三支水汽来源：一支为来自南海的水汽输送；第二支为太平洋北部的热带海洋性气团的水汽输送，该支水汽的输送路径比较长，但是水汽贡献率较小；第三支为来自西伯利亚和蒙古高压冷气团的水汽输送，水汽贡献率较低。

9月属于季风后期，也是我国夏季风逐渐减弱期。从图5-2中9月的水汽输送路径可以看出，云南9月的降水大致有两个水汽源地，与云南8月降水的水汽源地相同，分别为孟加拉湾与西伯利亚和蒙古极地冷高压气团。此外，表5-2显示，云南镇康等10个研究样点的降水源自北部大陆冷气团的水汽输送跟8月相比较出现了显著变大情况，研究区观测站点墨江以及红河其降水从东北方位而来的水汽甚至高于90%，而富宁和砚山的降水几乎全部来自于极地气团的水汽输送。由此可以看出，这几个站点在9月受到极地气团的影响非常强烈。从极地气团的水汽输送路径来看，源自西伯利亚和蒙古高压的水汽从我国东北经过我国沿海地区到达南部地区，继续往西南方向输送，由于这几个研究样点距离广西较近，所以受到极地气团的影响比较大。与此同时，广西9月降水的水汽源地为极地气团和南海，但以西伯利亚和蒙古高压的极地气团为主，南海水汽所占的水汽贡献比例略小。从其水汽输送轨迹路径来看，大致可以划分为两条：一条来自于西伯利亚与蒙古高压的极地冷气团，从我国东北出发经过东部沿海地区，到达我国广西壮族自治区，由于在极地蒙古、西伯利亚一带形成高气压中心，来自极地高压的偏南气流南下过程中受到地转偏向力的影响偏转，继续向南吹形成东北风，影响我国南方部分地区，包括云南、广西等在内，其水汽贡献率占总水汽来源的比重较大，除研究样点来宾的水汽来源中有23.66%的水汽是来源于南海之外，其余研究样点的降水基本上都来自极地气团的水汽输送，并且与广西8月的水汽贡献率相比显著地增加；另一条路径来自于南海水汽，随着夏季风的减弱，只有小部分的水汽是来自南海。

10月属于非季风期间，从表5-2中可以看出，云南10月的水汽来源有三支，其水汽源地分别为孟加拉湾、西伯利亚和蒙古高压极地冷气团、西风带携带的大陆性气团。其中来自孟加拉湾的西南水汽输送与8月、9月相比有一定的减弱。随着西伯利亚和蒙古极地冷气团水汽输送的增强，云南省各研究样点受到来自西伯利亚和蒙古冷高压气流的影响区域逐渐增大；与此同时，西风带对云南降水的影响较之前的月份有一定的增强，但从云南10月的水汽输送轨迹来看，来自西风带的水汽输送路径距离较短。因此，在水汽输送的过程中沿途水分散失较多，最终到达云南省的水汽较少。另外，云南10月已经几乎接近干季，各季风所携带的水汽含量较之前有明显的减少，所以在10月云南省的降水量会有一定的减少。从图5-3(10月)中可以看出，广西壮族自治区10月的降水主要来自西伯利亚和蒙古极地冷高压的气团，其水汽输送路径与9月的输送路径有所相似，水汽贡献率超过90%，但由于该路径携带的水汽湿度小，水汽含量较少，因此广西10月的总降水量也有所减弱；我国是深受季风影响的区域，随着夏季风的减弱，南海、西南水汽对广西的水汽输送都相应地减少，因此广西壮族自治区受到来自南海水汽的影响区域也逐渐减小。

可以清晰地看出，印度洋、孟加拉湾的西南水汽为云南的主要水汽来源，南海水汽为广西的主要水汽来源。除此之外，在云南红河、个旧、富宁附近地区的水汽输送轨迹比较密集，说明该地区的降水比较丰富，因此在雨季的降水事件发生次数可能比较多。而云南省的东部只有较少的来自于南海水汽输送的轨迹，两者的水汽输送发生了较大变化，可以推断在该区域附近的季风比较活跃，有可能是云南省红河西侧的无量山和哀牢山复杂地形的阻挡导致的结果。

5.2.3 雨季 $\delta^{18}O$ 极值事件水汽追踪

应用拉格朗日法后向轨迹模拟雨季各研究站点 $\delta^{18}O$ 极小值时水汽路径，能够揭示研究区降水中出现同位素变化极值事件时各区降水水汽来源以及水汽输送过程情况。极值选择时需排除偶然事件，因此每个站点 $\delta^{18}O$ 最小值都分别选取2014年雨季的第一、第二和第三小值（双江第三小值缺失）进行模拟。结果发现除了个别研究站点存在三个低值时水汽来源路径差别较大的情况，总体上还是体现出了较为一致的规律，即研究区西部站点水汽来向主要为西南方向，研究区东部站点水汽来向主要以东南向为主，而哀牢山附近的偏东侧地区站点则表现为东西方向都有水汽注入，具体到站点则为墨江、红河、个旧等。

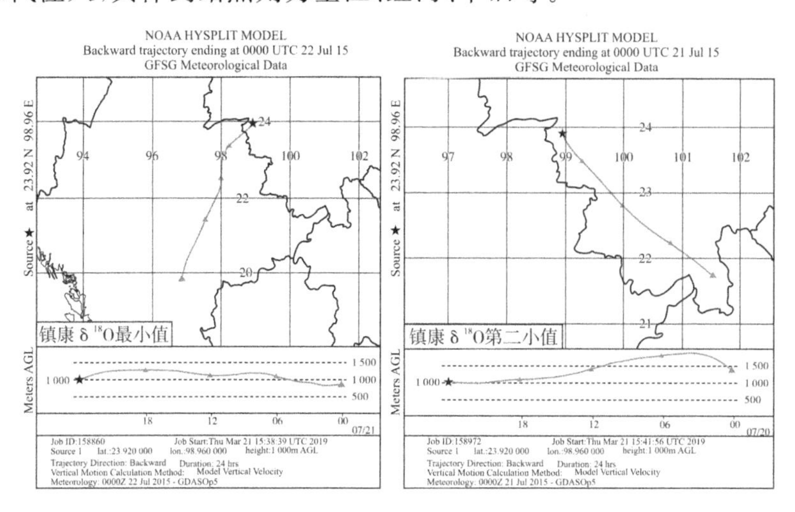

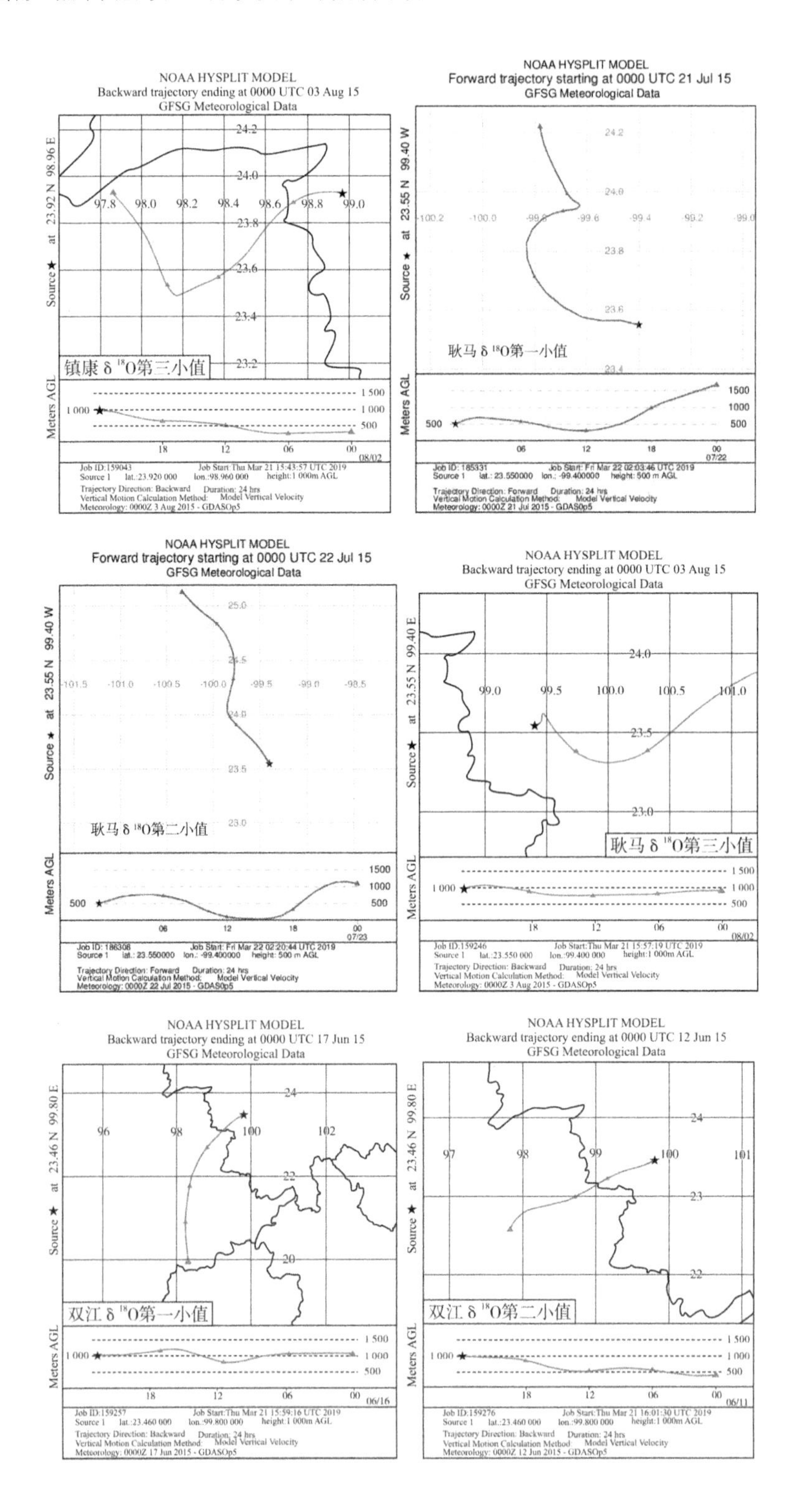
NOAA HYSPLIT MODEL
Backward trajectory ending at 0000 UTC 03 Aug 15
GFSG Meteorological Data
Source ★ at 23.92 N 98.96 E
镇康 δ ¹⁸O第三小值
Meters AGL
NOAA HYSPLIT MODEL
Forward trajectory starting at 0000 UTC 21 Jul 15
GFSG Meteorological Data
Source ★ at 23.55 N 99.40 W
耿马 δ ¹⁸O第一小值
Meters AGL
NOAA HYSPLIT MODEL
Forward trajectory starting at 0000 UTC 22 Jul 15
GFSG Meteorological Data
Source ★ at 23.55 N 99.40 W
耿马 δ ¹⁸O第二小值
Meters AGL
NOAA HYSPLIT MODEL
Backward trajectory ending at 0000 UTC 03 Aug 15
GFSG Meteorological Data
Source ★ at 23.55 N 99.40 E
耿马 δ ¹⁸O第三小值
Meters AGL
NOAA HYSPLIT MODEL
Backward trajectory ending at 0000 UTC 17 Jun 15
GFSG Meteorological Data
Source ★ at 23.46 N 99.80 E
双江 δ ¹⁸O第一小值
Meters AGL
NOAA HYSPLIT MODEL
Backward trajectory ending at 0000 UTC 12 Jun 15
GFSG Meteorological Data
Source ★ at 23.46 N 99.80 E
双江 δ ¹⁸O第二小值
Meters AGL

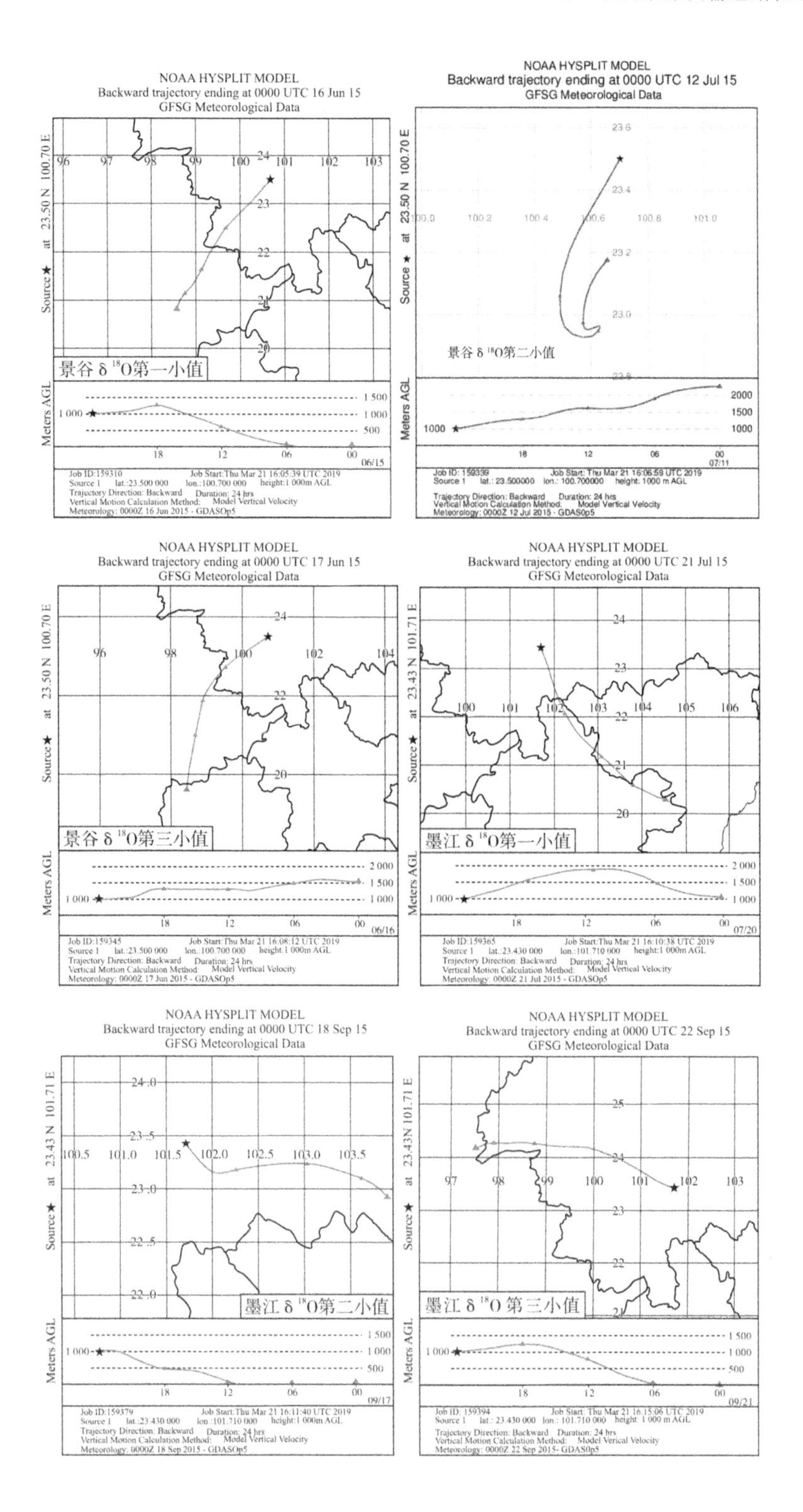
NOAA HYSPLIT MODEL
Backward trajectory ending at 0000 UTC 16 Jun 15
GFSG Meteorological Data
Source ★ at 23.50 N 100.70 E
景谷 δ 18O第一小值
Meters AGL
NOAA HYSPLIT MODEL
Backward trajectory ending at 0000 UTC 12 Jul 15
GFSG Meteorological Data
Source ★ at 23.50 N 100.70 E
景谷 δ 18O第二小值
Meters AGL
NOAA HYSPLIT MODEL
Backward trajectory ending at 0000 UTC 17 Jun 15
GFSG Meteorological Data
Source ★ at 23.50 N 100.70 E
景谷 δ 18O第三小值
Meters AGL
NOAA HYSPLIT MODEL
Backward trajectory ending at 0000 UTC 21 Jul 15
GFSG Meteorological Data
Source ★ at 23.43 N 101.71 E
墨江 δ 18O第一小值
Meters AGL
NOAA HYSPLIT MODEL
Backward trajectory ending at 0000 UTC 18 Sep 15
GFSG Meteorological Data
Source ★ at 23.43 N 101.71 E
墨江 δ 18O第二小值
Meters AGL
NOAA HYSPLIT MODEL
Backward trajectory ending at 0000 UTC 22 Sep 15
GFSG Meteorological Data
Source ★ at 23.43N 101.71 E
墨江 δ 18O 第三小值
Meters AGL

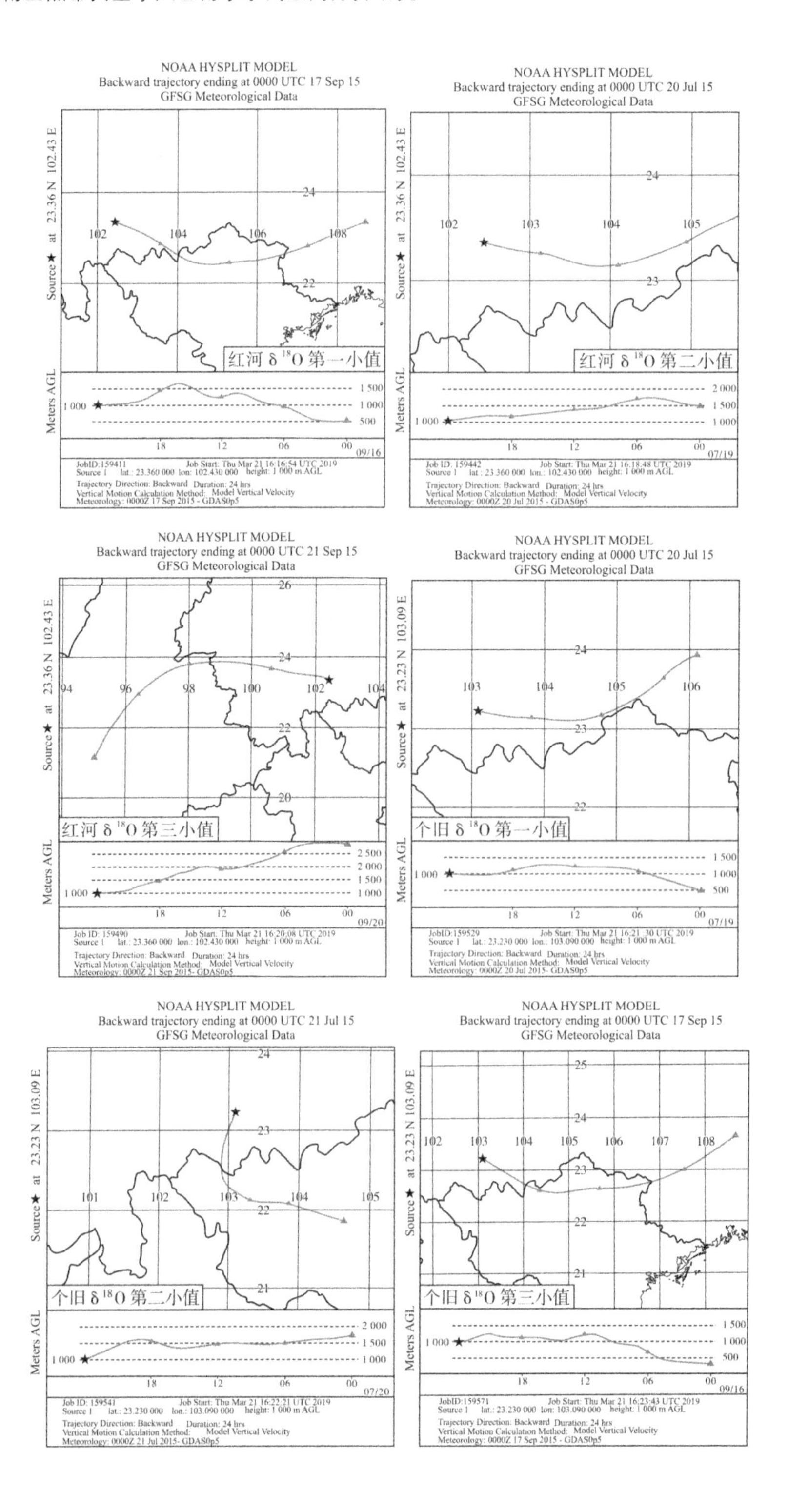
NOAA HYSPLIT MODEL
Backward trajectory ending at 0000 UTC 17 Sep 15
GFSG Meteorological Data
Source ★ at 23.36 N 102.43 E
红河 δ18O 第一小值
Meters AGL
Job ID: 159411 Job Start: Thu Mar 21 16:16:54 UTC 2019
Source 1 lat.: 23.360 000 lon.: 102.430 000 height: 1 000 m AGL
Trajectory Direction: Backward Duration: 24 hrs
Vertical Motion Calculation Method: Model Vertical Velocity
Meteorology: 0000Z 17 Sep 2015 - GDAS0p5
NOAA HYSPLIT MODEL
Backward trajectory ending at 0000 UTC 20 Jul 15
GFSG Meteorological Data
Source ★ at 23.36 N 102.43 E
红河 δ18O 第二小值
Meters AGL
Job ID: 159442 Job Start: Thu Mar 21 16:18:48 UTC 2019
Source 1 lat.: 23.360 000 lon.: 102.430 000 height: 1 000 m AGL
Trajectory Direction: Backward Duration: 24 hrs
Vertical Motion Calculation Method: Model Vertical Velocity
Meteorology: 0000Z 20 Jul 2015 - GDAS0p5
NOAA HYSPLIT MODEL
Backward trajectory ending at 0000 UTC 21 Sep 15
GFSG Meteorological Data
Source ★ at 23.36 N 102.43 E
红河 δ18O 第三小值
Meters AGL
Job ID: 159490 Job Start: Thu Mar 21 16:20:08 UTC 2019
Source 1 lat.: 23.360 000 lon.: 102.430 000 height: 1 000 m AGL
Trajectory Direction: Backward Duration: 24 hrs
Vertical Motion Calculation Method: Model Vertical Velocity
Meteorology: 0000Z 21 Sep 2015- GDAS0p5
NOAA HYSPLIT MODEL
Backward trajectory ending at 0000 UTC 20 Jul 15
GFSG Meteorological Data
Source ★ at 23.23 N 103.09 E
个旧 δ18O 第一小值
Meters AGL
Job ID: 159529 Job Start: Thu Mar 21 16:21:30 UTC 2019
Source 1 lat.: 23.230 000 lon.: 103.090 000 height: 1 000 m AGL
Trajectory Direction: Backward Duration: 24 hrs
Vertical Motion Calculation Method: Model Vertical Velocity
Meteorology: 0000Z 20 Jul 2015- GDAS0p5
NOAA HYSPLIT MODEL
Backward trajectory ending at 0000 UTC 21 Jul 15
GFSG Meteorological Data
Source ★ at 23.23 N 103.09 E
个旧 δ18O 第二小值
Meters AGL
Job ID: 159541 Job Start: Thu Mar 21 16:22:21 UTC 2019
Source 1 lat.: 23.230 000 lon.: 103.090 000 height: 1 000 m AGL
Trajectory Direction: Backward Duration: 24 hrs
Vertical Motion Calculation Method: Model Vertical Velocity
Meteorology: 0000Z 21 Jul 2015- GDAS0p5
NOAA HYSPLIT MODEL
Backward trajectory ending at 0000 UTC 17 Sep 15
GFSG Meteorological Data
Source ★ at 23.23 N 103.09 E
个旧 δ18O 第三小值
Meters AGL
Job ID: 159571 Job Start: Thu Mar 21 16:23:43 UTC 2019
Source 1 lat.: 23.230 000 lon.: 103.090 000 height: 1 000 m AGL
Trajectory Direction: Backward Duration: 24 hrs
Vertical Motion Calculation Method: Model Vertical Velocity
Meteorology: 0000Z 17 Sep 2015 - GDAS0p5

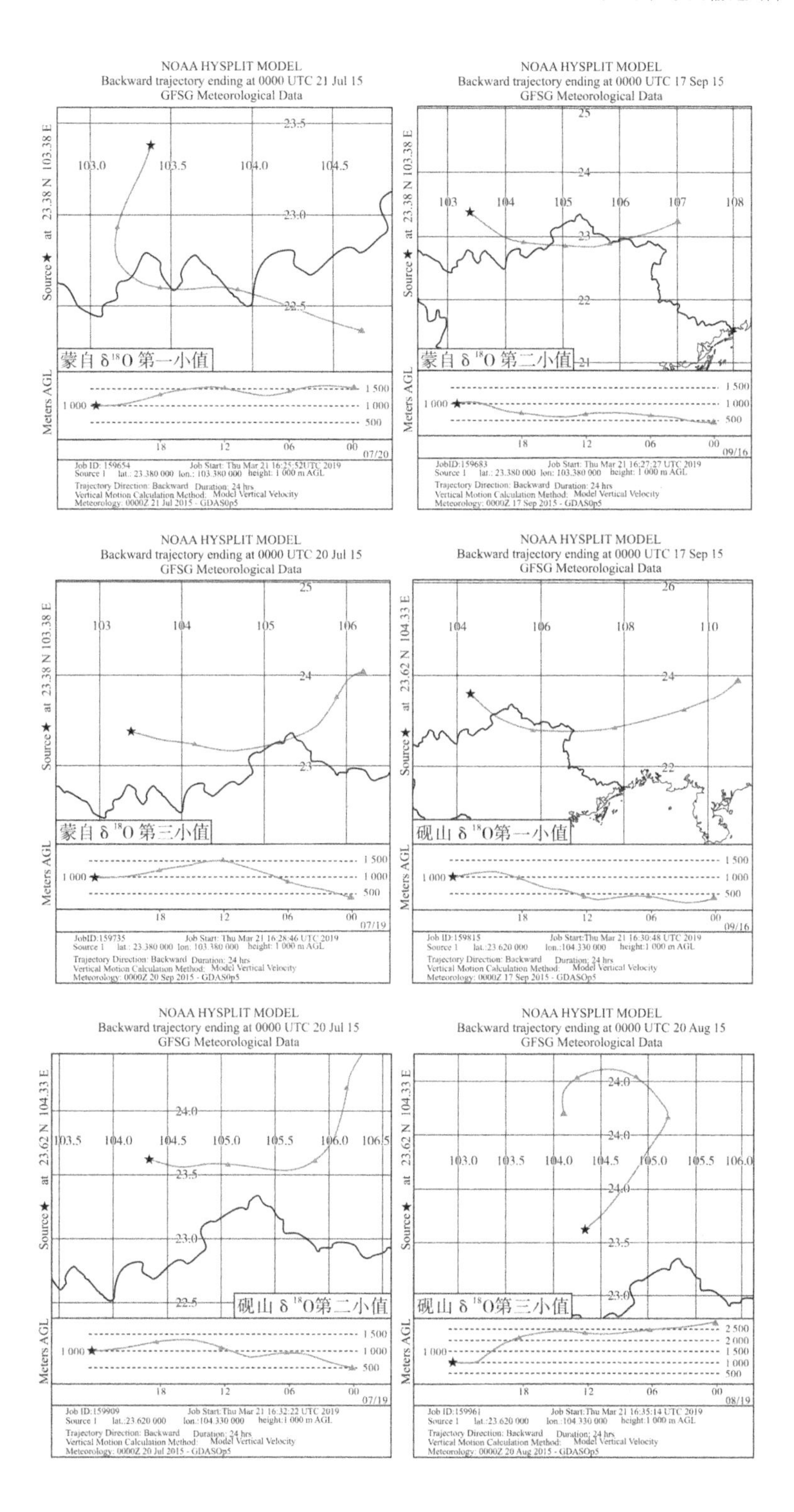
NOAA HYSPLIT MODEL
Backward trajectory ending at 0000 UTC 21 Jul 15
GFSG Meteorological Data
蒙自 δ18O 第一小值
NOAA HYSPLIT MODEL
Backward trajectory ending at 0000 UTC 17 Sep 15
GFSG Meteorological Data
蒙自 δ18O 第二小值
NOAA HYSPLIT MODEL
Backward trajectory ending at 0000 UTC 20 Jul 15
GFSG Meteorological Data
蒙自 δ18O 第三小值
NOAA HYSPLIT MODEL
Backward trajectory ending at 0000 UTC 17 Sep 15
GFSG Meteorological Data
砚山 δ18O第一小值
NOAA HYSPLIT MODEL
Backward trajectory ending at 0000 UTC 20 Jul 15
GFSG Meteorological Data
砚山 δ18O第二小值
NOAA HYSPLIT MODEL
Backward trajectory ending at 0000 UTC 20 Aug 15
GFSG Meteorological Data
砚山 δ18O第三小值

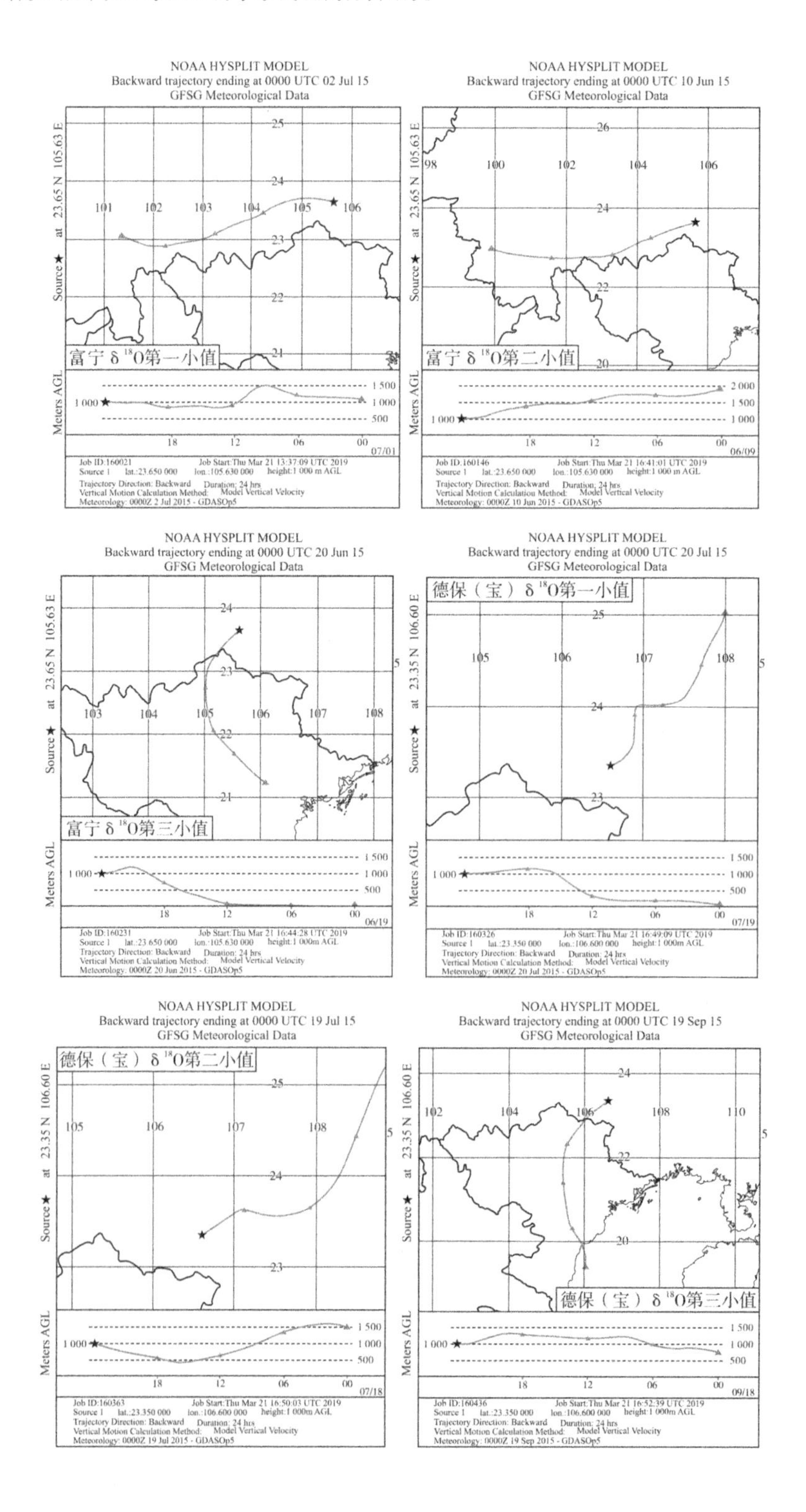
NOAA HYSPLIT MODEL
Backward trajectory ending at 0000 UTC 02 Jul 15
GFSG Meteorological Data
Source ★ at 23.65 N 105.63 E
富宁 δ 18O第一小值
Meters AGL
Job ID:160021 Job Start:Thu Mar 21 13:37:09 UTC 2019
Source 1 lat.:23.650 000 lon.:105.630 000 height:1 000 m AGL
Trajectory Direction: Backward Duration: 24 hrs
Vertical Motion Calculation Method: Model Vertical Velocity
Meteorology: 0000Z 2 Jul 2015 - GDASOp5
NOAA HYSPLIT MODEL
Backward trajectory ending at 0000 UTC 10 Jun 15
GFSG Meteorological Data
Source ★ at 23.65 N 105.63 E
富宁 δ 18O第二小值
Meters AGL
Job ID:160146 Job Start:Thu Mar 21 16:41:01 UTC 2019
Source 1 lat.:23.650 000 lon.:105.630 000 height:1 000 m AGL
Trajectory Direction: Backward Duration: 24 hrs
Vertical Motion Calculation Method: Model Vertical Velocity
Meteorology: 0000Z 10 Jun 2015 - GDASOp5
NOAA HYSPLIT MODEL
Backward trajectory ending at 0000 UTC 20 Jun 15
GFSG Meteorological Data
Source ★ at 23.65 N 105.63 E
富宁 δ 18O第三小值
Meters AGL
Job ID:160231 Job Start:Thu Mar 21 16:44:28 UTC 2019
Source 1 lat.:23.650 000 lon.:105.630 000 height:1 000m AGL
Trajectory Direction: Backward Duration: 24 hrs
Vertical Motion Calculation Method: Model Vertical Velocity
Meteorology: 0000Z 20 Jun 2015 - GDASOp5
NOAA HYSPLIT MODEL
Backward trajectory ending at 0000 UTC 20 Jul 15
GFSG Meteorological Data
Source ★ at 23.35 N 106.60 E
德保（宝）δ 18O第一小值
Meters AGL
Job ID:160326 Job Start:Thu Mar 21 16:49:09 UTC 2019
Source 1 lat.:23.350 000 lon.:106.600 000 height:1 000m AGL
Trajectory Direction: Backward Duration: 24 hrs
Vertical Motion Calculation Method: Model Vertical Velocity
Meteorology: 0000Z 20 Jul 2015 - GDASOp5
NOAA HYSPLIT MODEL
Backward trajectory ending at 0000 UTC 19 Jul 15
GFSG Meteorological Data
Source ★ at 23.35 N 106.60 E
德保（宝）δ 18O第二小值
Meters AGL
Job ID:160363 Job Start:Thu Mar 21 16:50:03 UTC 2019
Source 1 lat.:23.350 000 lon.:106.600 000 height:1 000m AGL
Trajectory Direction: Backward Duration: 24 hrs
Vertical Motion Calculation Method: Model Vertical Velocity
Meteorology: 0000Z 19 Jul 2015 - GDASOp5
NOAA HYSPLIT MODEL
Backward trajectory ending at 0000 UTC 19 Sep 15
GFSG Meteorological Data
Source ★ at 23.35 N 106.60 E
德保（宝）δ 18O第三小值
Meters AGL
Job ID:160436 Job Start:Thu Mar 21 16:52:39 UTC 2019
Source 1 lat.:23.350 000 lon.:106.600 000 height:1 000m AGL
Trajectory Direction: Backward Duration: 24 hrs
Vertical Motion Calculation Method: Model Vertical Velocity
Meteorology: 0000Z 19 Sep 2015 - GDASOp5

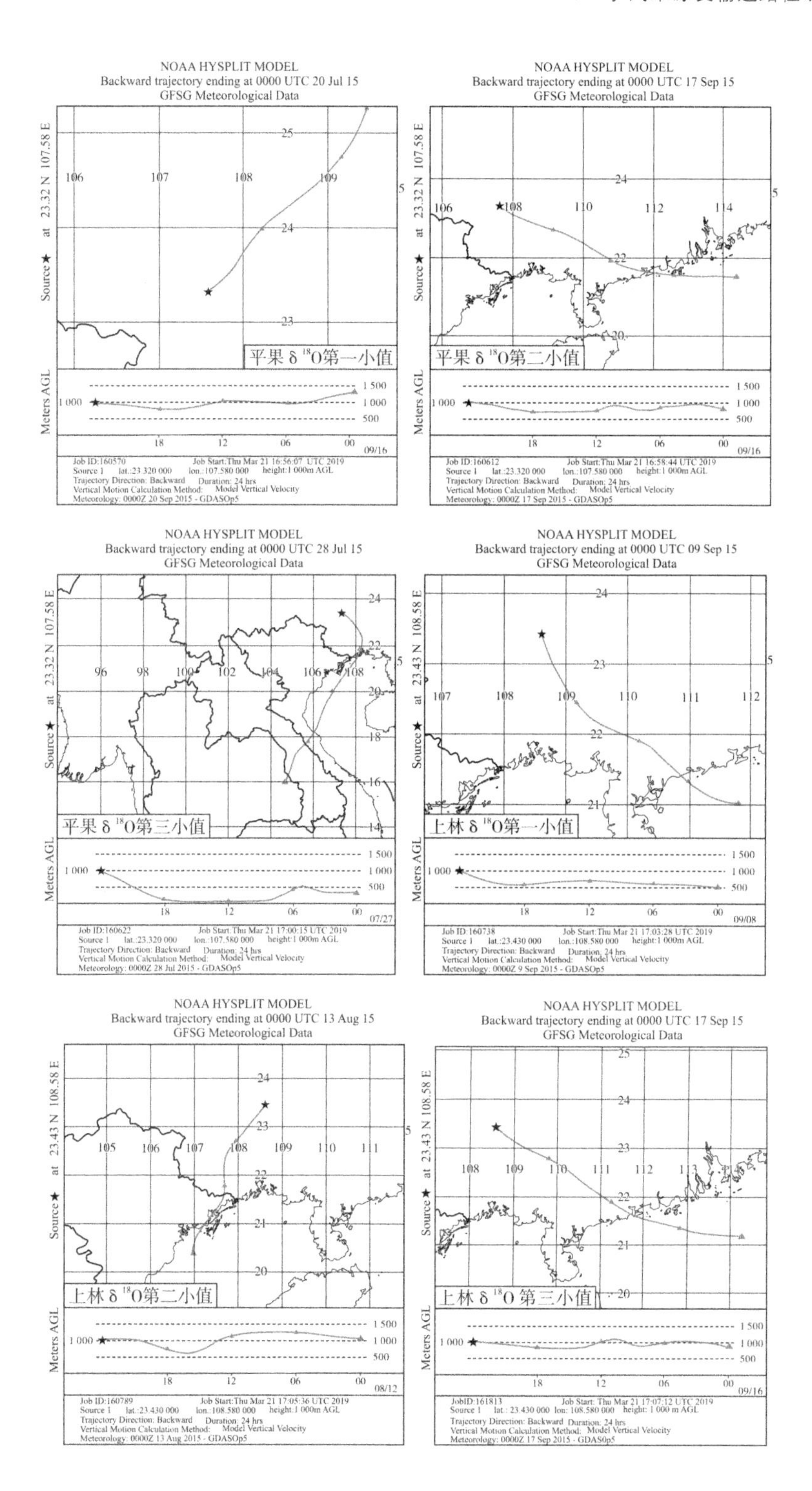

NOAA HYSPLIT MODEL
Backward trajectory ending at 0000 UTC 20 Jul 15
GFSG Meteorological Data
Source ★ at 23.32 N 107.58 E
平果δ18O第一小值
Meters AGL
NOAA HYSPLIT MODEL
Backward trajectory ending at 0000 UTC 17 Sep 15
GFSG Meteorological Data
Source ★ at 23.32 N 107.58 E
平果δ18O第二小值
Meters AGL
NOAA HYSPLIT MODEL
Backward trajectory ending at 0000 UTC 28 Jul 15
GFSG Meteorological Data
Source ★ at 23.32 N 107.58 E
平果δ18O第三小值
Meters AGL
NOAA HYSPLIT MODEL
Backward trajectory ending at 0000 UTC 09 Sep 15
GFSG Meteorological Data
Source ★ at 23.43 N 108.58 E
上林δ18O第一小值
Meters AGL
NOAA HYSPLIT MODEL
Backward trajectory ending at 0000 UTC 13 Aug 15
GFSG Meteorological Data
Source ★ at 23.43 N 108.58 E
上林δ18O第二小值
Meters AGL
NOAA HYSPLIT MODEL
Backward trajectory ending at 0000 UTC 17 Sep 15
GFSG Meteorological Data
Source ★ at 23.43 N 108.58 E
上林δ18O第三小值
Meters AGL

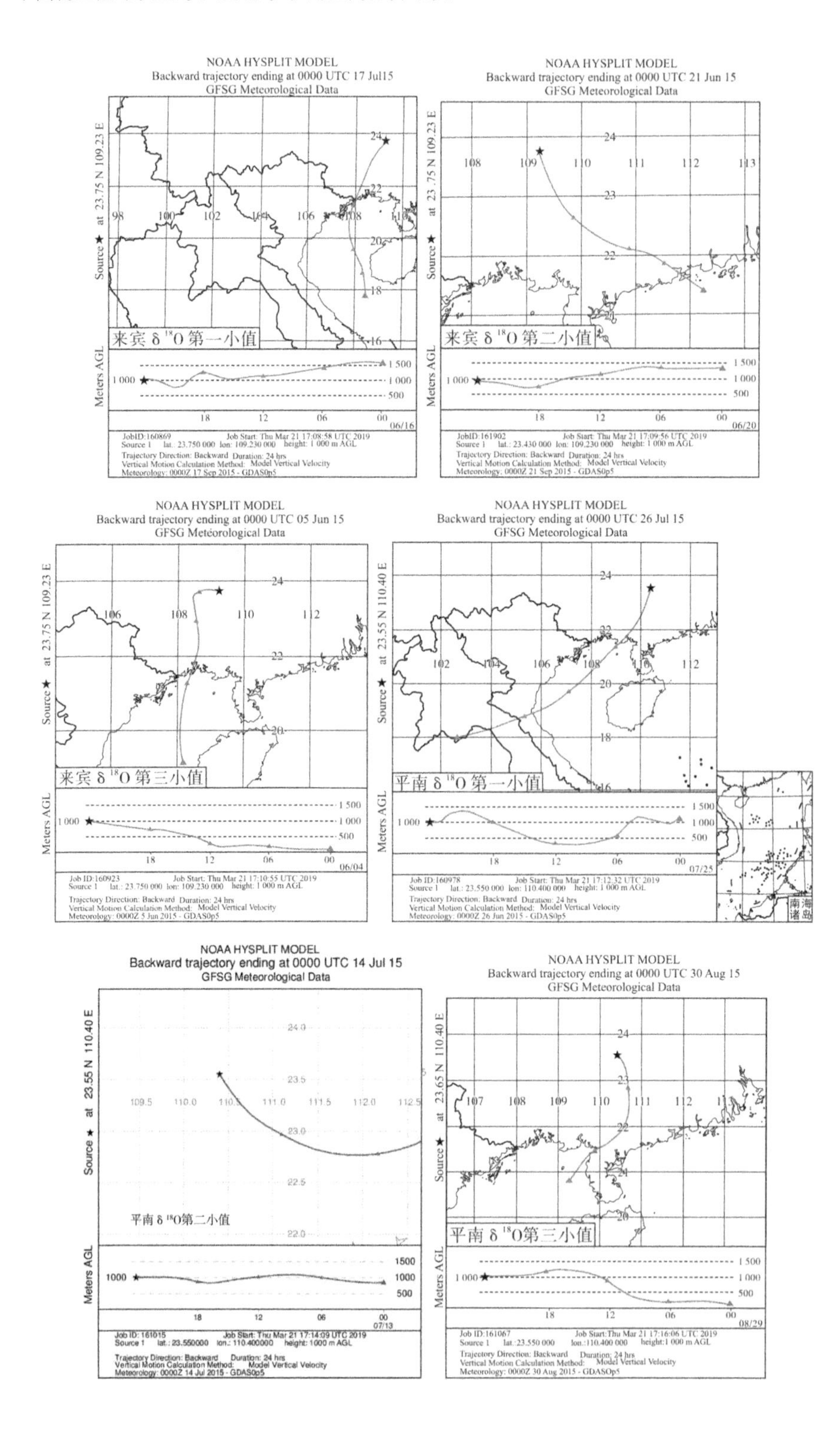
NOAA HYSPLIT MODEL
Backward trajectory ending at 0000 UTC 17 Jul15
GFSG Meteorological Data
来宾 δ18O 第一小值
NOAA HYSPLIT MODEL
Backward trajectory ending at 0000 UTC 21 Jun 15
GFSG Meteorological Data
来宾 δ18O 第二小值
NOAA HYSPLIT MODEL
Backward trajectory ending at 0000 UTC 05 Jun 15
GFSG Meteorological Data
来宾 δ18O 第三小值
NOAA HYSPLIT MODEL
Backward trajectory ending at 0000 UTC 26 Jul 15
GFSG Meteorological Data
平南 δ18O 第一小值
南海诸岛
NOAA HYSPLIT MODEL
Backward trajectory ending at 0000 UTC 14 Jul 15
GFSG Meteorological Data
平南 δ18O第二小值
NOAA HYSPLIT MODEL
Backward trajectory ending at 0000 UTC 30 Aug 15
GFSG Meteorological Data
平南 δ18O第三小值

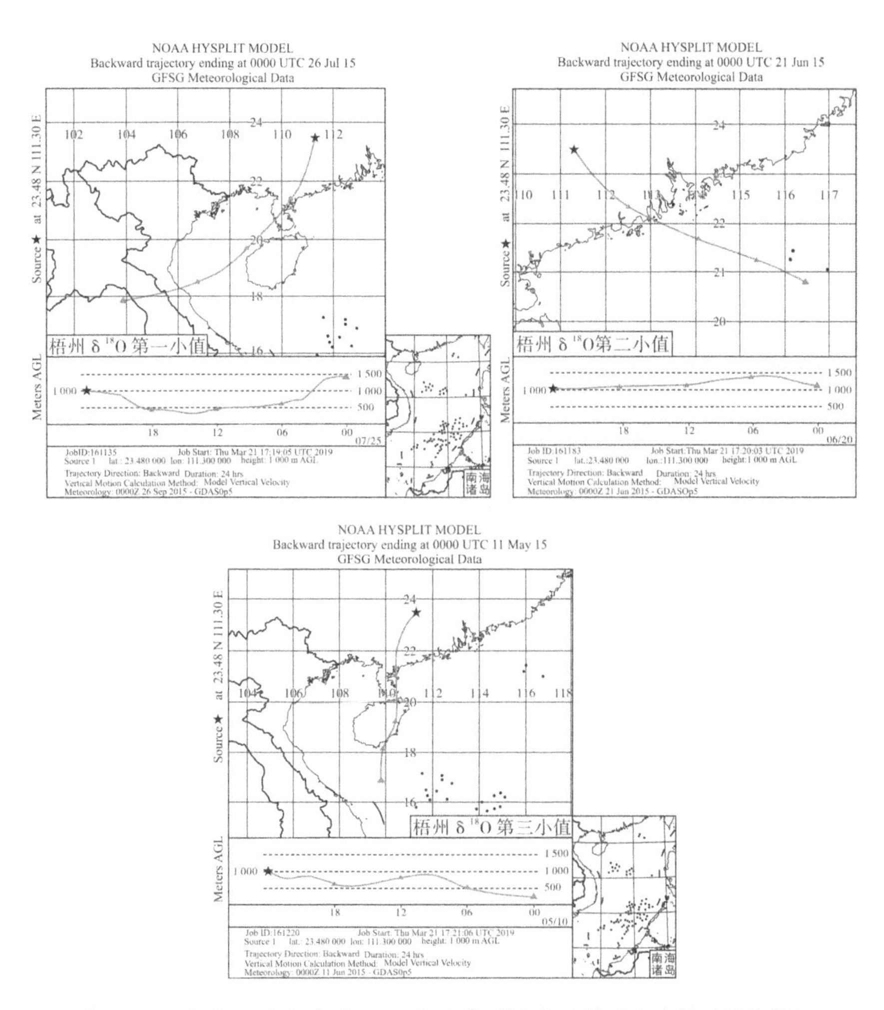

图 5-6 研究区 16 个气象站 2014 年雨季 $\delta^{18}O$ 极小值时水汽输送轨迹模拟

详细路径追踪情况如图 5-6 所示：研究区西部由西向东的站点镇康、耿马、双江、景谷，其水汽来源路径基本沿着从西向东的方向，但也有例外，如镇康 $\delta^{18}O$ 的第二小值以及耿马的 $\delta^{18}O$ 第三小值表现为由东向西的方向。研究区东部站点从西往东分别是梧州、平南、来宾、上林、平果、德保、富宁等站点，其水汽来源方向几乎均表现出由东向西的趋势，这也与前述研究相一致，体现出东南夏季风的影响，但其中个别站点也出现了异常，如 $\delta^{18}O$ 梧州最小值、平南最小值、上林次小值、德保最小值及次小值，这可能与路径模拟设置的逆向模拟时间长短以及近地表气流紊乱有关系。处于研究区哀牢山偏东侧的墨江、红河站点，其三次水汽模拟轨迹表现出了截然相反的输送路线，即由西向东和由东向西，均为两次受西南季风影响、一次受西南季风影响，从而反映出该区雨季受到东南和西南两股主要暖湿气流的共同影响。

5.3　本章小结

本研究借助 HYSPLIT 后向轨迹法来追踪研究区的水汽来源，一方面模拟了从各个地理方向而来的水汽输送路径情况，进而确定了这些地理方向表征的水汽源地为各研究区样点贡献的降水比例，并通过聚类分析，得出水汽来源路径的轨迹图，然后根据水汽来源及水汽输送贡献率的数据结果和轨迹图，并结合地形、地貌区域分异，对研究区的水汽来源特征进行分析，最后对雨季 $\delta^{18}O$ 极小值事件进行了水汽路径追踪，结果与上述分析相一致。主要研究结论如下：

(1)研究区西部雨季降水的水汽源地主要有 4 个，分别是印度洋—孟加拉湾、南海、欧亚大陆、西伯利亚和蒙古一带的极地气团，其中以孟加拉湾为主。7、8 月，南海水汽占较大比例；9、10 月，来自西伯利亚和蒙古一带的极地冷气团对云南省的水汽输送占据一定的比例。总之，云南雨季降水主要来源于西南水汽输送。

(2)研究区东部雨季降水的水汽源地主要有 4 个，分别是南海、孟加拉湾、西伯利亚和蒙古的极地气团、太平洋北部，其中南海水汽是广西壮族自治区雨季水汽的主要来源。4—8 月，广西壮族自治区降水主要以来自孟加拉湾的西南水汽和南海的水汽输送为主；9、10 月，南海水汽和西伯利亚及蒙古极地冷气团为广西主要水汽来源，太平洋北部的水汽输送所占比例较小。总之，广西雨季降水主要来源于南海水汽的输送。

(3)广西壮族自治区与云南省的一定区域之间存在着一条“自西向

东”的水汽输送带，来自孟加拉湾的西南水汽沿着这条水汽输送带，将水汽输送给各地，给沿途带来充沛的降水。此研究结果与前人研究的观点一致[25]。

6 水汽交互影响区域界定

由于大部分洪涝、干旱等灾害都发生在季风活动的边缘位置处，因此对我国亚热带季风区不同季风环流水汽交互影响区域进行界定研究，能够促进对我国气象灾害的研究和预测，具有重要的科学和实际意义。

中国大陆季风区夏季主要受到两股季风的影响，一个是来自西太平洋副热带高压地区的东风气流，其越过赤道后途经南海、东海，再深入大陆造成广泛影响，另外一个是来自印度洋的气流，其越过赤道后北上向东偏移，途径孟加拉湾形成西南水汽输送。

本章基于雨季开始期及降水时空变化研究、大气降水氢氧同位素变化特征研究、水汽源地及输送路径研究，分别对受南亚季风影响的来自印度洋、孟加拉湾的西南水汽，和受东亚季风影响的来自西太平洋、南海的东南水汽，两股水汽交互影响区域进行界定。通过建立多元数据的水汽来源分异量化表征体系，利用神经网络技术构建非线性分类器(SOFM)，定量描述中国典型亚热带季风区雨季水汽来源分异规律，辨识分异界线。并通过对地形、水文单元分区等可能影响区域分界要素的内容进行定性分析，以及将同位素示踪法、HYSPLIT后向轨迹模式法的区域分界结果进行比较，确定合理的分异界线。

6.1 水汽来源划分数据体系的构建原则

水汽来源划分数据体系的构建是科学区域划分的基础工作，事关划分结果的客观性和真实性，必须遵守以下几个相对重要的原则：

1.客观性与科学性结合

在构建亚热带水汽来源划分界线数据体系时，必须做到即要符合亚热带地区客观实际状况，也要充分照顾到每个指标体现在理论上的科学性合理意义，数据体系选取不能无中生有，更不能缺乏逻辑。所以，注重科学与客观实际是构建数据体系的基本规则，也只有如此才能确保界线划分结果的客观有效。

2.目的性与可比性结合

构建亚热带水汽来源划分界线数据体系，首先要明确数据体系所要解决的问题，使得数据体系有的放矢，避免空洞与盲目性。在保证目的性原则的前提下，还要相应考察数据体系的可比度，也就是相应指标必须尽可能具有一致性的单位或者进行标准化。

3.典型性与系统性结合

亚热带水汽来源划分研究涉及各种因素以及因素的方方面面，全面列出所有影响因素与方面不仅工作量巨大，也不太现实，所以要避免简单罗列，保证数据体系的代表性、典型性。但是数据体系构建也应该力求全面，并且力求包含各方面信息而且体现出影响水汽来源或者揭示水汽来源的各种因素与方面。

4.独立性跟方向性相结合

所谓独立性是指各要素指标之间都应该互相不存在隶属或包含关系，而且各坐标之间可能存在相互关联，有一定的方向性。使用 SOMF 模型对样带水汽来源界线划分时要考虑相邻站点变化态势的方向性，即充分考虑相邻站点之间变化规律的协同性和异质性。

6.2 研究区水汽来源划分多元数据体系

典型亚热带季风区水汽来源划分数据体系是一个从矛盾特殊性到普遍性再到矛盾特殊性的总结过程。数据体系的构建首先是沿着某些具体特征开展分析,接着回到某一个方面,经过对比最终获得水汽输送表征的具体数据体系。

从中国雨带活动的规律来看,中国不同季风区降水随季风推进与回撤,降水季节呈现出明显的阶段性和区域性特征。多年雨季开始时间以及雨季初期降水构成时空变化在一定程度上能够反映亚热带季风区水汽环流运动过程,可为辨析水汽源地提供较为可靠的理论依据。本书选择雨季(初期)降水特征作为解析区域水汽来源的重要方面,但考虑到降水日数不能全面反映降水量的大小,降水量的大小也不能解释降水日数的变化规律,本书选择雨季初期 4、5 月降水强度、降水量,4、5 月降水量构成及稳定性特征,以及多年雨季开始期作为雨季降水特征指标。

表 6-1 SOFM 多元数据体系

<table>
<tr><th>一级指标</th><th>二级指标</th><th>三级指标</th><th>四级指标</th><th>五级指标</th></tr>
<tr><td rowspan="28">SOFM 多元数据体系</td><td rowspan="23">雨季降水特征</td><td colspan="3">46 年雨季开始期</td></tr>
<tr><td rowspan="11">4 月份降水</td><td colspan="2">降水量</td></tr>
<tr><td colspan="2">降水强度</td></tr>
<tr><td rowspan="4">降水量构成(%)</td><td>小雨</td></tr>
<tr><td>中雨</td></tr>
<tr><td>大雨</td></tr>
<tr><td>暴雨</td></tr>
<tr><td rowspan="5">降水量稳定性特征（变异系数）</td><td>小雨</td></tr>
<tr><td>中雨</td></tr>
<tr><td>大雨</td></tr>
<tr><td>暴雨</td></tr>
<tr><td>总降水</td></tr>
<tr><td rowspan="11">5 月份降水</td><td colspan="2">降水量</td></tr>
<tr><td colspan="2">降水强度</td></tr>
<tr><td rowspan="4">降水量构成(%)</td><td>小雨</td></tr>
<tr><td>中雨</td></tr>
<tr><td>大雨</td></tr>
<tr><td>暴雨</td></tr>
<tr><td rowspan="5">降水量稳定性特征（变异系数）</td><td>小雨</td></tr>
<tr><td>中雨</td></tr>
<tr><td>大雨</td></tr>
<tr><td>暴雨</td></tr>
<tr><td>总降水</td></tr>
<tr><td rowspan="4">水汽衰减分异</td><td colspan="3">δD(雨季)</td></tr>
<tr><td colspan="3">$\delta^{18}O$(雨季)</td></tr>
<tr><td colspan="3">δD(单次降水)</td></tr>
<tr><td colspan="3">$\delta^{18}O$(单次降水)</td></tr>
<tr><td>水汽输送</td><td colspan="3">年均偏西风比例</td></tr>
</table>

降水中稳定同位素丰度的涨落与产生降水的气象过程、水汽源区的初始状态以及大尺度环流形势存在密切关系，而通过观测在不同类型水循环过程之中稳定同位素丰度发生的变化从而引导人们认知和理解某些地球化学以及水循环过程规律，基于此角度，并结合数据可获取性，本章选择整个雨季和单次降水 δD 和 $\delta^{18}O$ 来分析水汽团的特征及降水过程，构建地区水汽衰减分异数据体系。

当然，宏观水汽来源及水汽轨迹路径可以定量计算来自各地理方向的水汽贡献率，为水汽来源划分提供重要依据。因此本研究从水汽运行轨迹角度，选择相对稳定的雨季年均风向比例，而非月均风向比例为指标构建水汽输送轨迹数据体系。

综上，最终构建多元数据体系包括输入层参数，如雨季降水特征（降水开始期，4、5 月降水量、降水强度、降水变化特征）、水汽衰减分异数据（整个雨季和单次降水 δD 和 $\delta^{18}O$）、水汽输送（年均偏西风比例）等（见表 6-1 所示）。

表 6-2 仅列出研究区气象台站 16 组网络主要输入数据，且所有数据都在输入网络之前进行了归一化的处理。

表 6-2　气象站点主要输入 SOFM 数据

站点编号	雨季降水特征			水汽衰减				水汽输送
	降水开始期	4 月降水强度	5 月降水强度	整个雨季 δD	整个雨季 $\delta^{18}O$	单次 δD	单次 $\delta^{18}O$	年均偏西风比例
C1 镇康	0.39	−0.36	−0.26	0.00	0.00	0.00	0.00	0.00
C2 耿马	0.53	−0.95	−0.97	12.65	0.92	0.67	−0.74	0.00
C3 双江	−0.62	−0.49	−1.70	−26.26	−3.68	0.53	0.22	0.00
C4 景谷	1.97	−0.18	0.73	9.22	3.72	0.40	3.29	0.00
C5 墨江	−2.44	1.49	0.83	−9.41	−3.48	0.70	−3.15	0.00
C6 红河	−0.40	−1.01	−0.90	−12.63	−1.60	−12.24	−1.39	0.00
C7 个旧	0.58	−0.32	−0.56	−15.88	−2.68	−0.26	0.20	0.00
C8 蒙自	0.31	−0.96	−0.55	16.96	2.34	61.30	6.80	0.00

续表

站点编号	雨季降水特征			水汽衰减				水汽输送
	降水开始期	4月降水强度	5月降水强度	整个雨季δD	整个雨季δ^{18}O	单次δD	单次δ^{18}O	年均偏西风比例
C9 砚山	1.14	−0.62	0.55	8.35	0.93	−15.60	−1.70	0.00
C10 富宁	0.43	0.03	0.68	31.58	6.03	−22.50	−0.13	−96.77
C11 德保(宝)	0.34	0.05	1.58	−9.68	−3.04	7.70	−1.12	0.01
C12 平果	−0.59	0.19	0.16	12.89	1.82	0.00	−0.01	24.43
C13 上林	−0.90	1.33	1.60	2.78	0.77	11.80	1.55	−17.41
C14 来宾	0.43	−1.38	−0.73	7.99	1.39	−28.50	−2.02	−10.26
C15 平南	−0.88	2.00	0.75	5.68	−0.52	30.90	2.02	7.10
C16 梧州	−0.30	1.16	−1.22	−5.62	−0.27	−39.00	−3.96	19.71

6.3 SOFM 非线性分类器构建

本研究的 SOFM 非线性分类器是用 Matlab 语言编程构建的。SOFM 的算法流程见图 6-1,其中 P 是输入向量,W 是权值矩阵,N 是表示邻域大小的量。同其他类型的自组织网络一样,SOFM 的激活函数也是二值型函数。

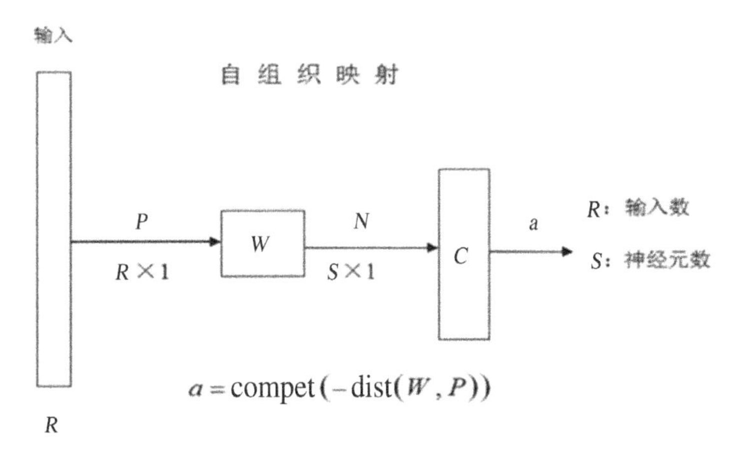

图 6-1 SOFM 算法流程图

其算法步骤为：

①初始化。将网络的连接权$\{W_{ij}\}$赋予[0,1]之间的随机值，确定学习速率$h(0)(0<h(0)<1)$，确定$N_g(t)$邻域的初始值$N_g(0)$。

②任选N个学习模式中的一个模式P_k提供给网络的输入层，进行归一化处理。

$$\overline{P}=\frac{P_k}{\| P_k \|}=\frac{(P_1^k,P_2^k,\cdots,P_N^k)}{[(P_1^k)^2+(P_2^k)^2+\cdots+(P_N^k)^2]^{1/2}} \tag{6-1}$$

③对连接权矢量$W_j=(W_{j1},W_{j2},\cdots,)$进行归一化处理，计算欧氏距离：

$$\overline{W_j}=\frac{W_j}{\| W_j \|}=\frac{(W_{j1},W_{j2},\cdots,W_{jN})}{[(W_{j1})^2+(W_{j2})^2+\cdots+(W_{jN})^2]^{1/2}} \tag{6-2}$$

$$d_j=\Big[\sum_{i=1}^{N}(\overline{P_1^k}-\overline{W_{ji}})^2\Big]^{1/2}(j=1,2,\cdots,M) \tag{6-3}$$

④找出最小距离d_s，确定获胜神经元 g：

$$d_j=\Big[\sum_{i=1}^{N}(\overline{P_1^k}-\overline{W_{ji}})^2\Big]^{1/2}(j=1,2,\cdots,M) \tag{6-4}$$

⑤进行连接权的调整。对竞争层邻域$N_g(t)$内所有的神经元与输入层神经元之间的连接权进行修正：

$$d_s=\min[d_j](j=1,2,\cdots,M) \tag{6-5}$$

其中，$j\in N_t(t)$，$j=1,2,\cdots,M$；$0<h(t)<1$。

⑥更新学习速率$h(t)$及邻域$N_g(t)$：

$$N_g(\mathrm{t})=N_g(0)\left(1-\frac{\mathrm{t}}{\mathrm{T}}\right) \tag{6-6}$$

式中：$h(0)$——初始学习速率；t——学习次数；T——总的学习次数。

设竞争层某神经元 g 在二维阵列中的坐标值为(x_g,y_g)，则邻域的范围是以点$(x_g+N_g(t),y_g+N_g(t))$和点$(x_g-N_g(t),y_g-N_g(t))$为右下角和左下角的正方形。其修正公式为：

$$N_g(t)=INT\left[N_g(0)\left(1-\frac{t}{T}\right)\right] \tag{6-7}$$

式中：$N_g(0)$——$N_g(t)$的初始值。

⑦选取另一学习模式提供给网络的输入层，返回至步骤③，直至 N 个学习模式全部提供给网络。

⑧令 $t=t+1$，返回步骤②直至 $t=T$ 为止。

根据上述算法就能够发现，待网络训练完全结束之后，每个输出单元都对应着一个权值。而在分类过程之中，各分类对象也必然和其中某个权值表现为距离最近，再将与同一个输出单元所具有的权值最近的点归为同一个类型，最后从这个输出单元输出，也就达到了前期要求的分类目的。

6.4 结果与分析

6.4.1 SOFM 分类结果分析

1.SOFM 分类结果

利用 Matlab 提供的神经网络工具，以降水特征数据，水汽输送的 δD、$\delta^{18}O$ 值，年均偏西风输送比例等作为输入值（神经元 28 个），初始的网络权值设定为[0，1]之间的随机数，经调试，网络训练的循环上限为 1500 次，学习速率为 0.1，最大邻域数为 8。将表 6-2 中的归一化数据输入训练好的网络，其分类结果见图 6-2。从图 6-2 可知，耿马与双江、蒙自与砚山、个旧与富宁、德保（宝）与平果、上林与平南、来宾与梧州的上述输入特征相近，在分类过程中优先归并。总体上看，基于 SOFM 模型，参与运算的 16 个台站数据基本可以区分为两大类，即耿马、双江、镇康、景谷、墨江、红河、蒙自、砚山为一类，个旧、富宁、德保（宝）、平果、上林、来宾、平南、梧州为另一类。

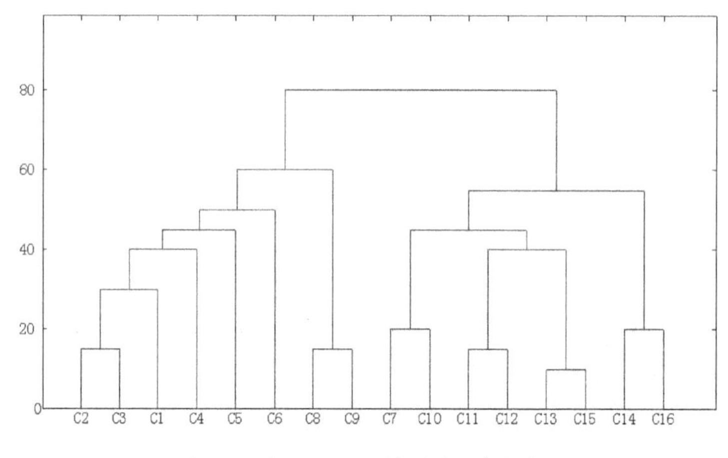

图 6-2　基于 SOFM 模型的区域分类图

为了更好地分析上述分类结果，将上述 16 个台站的分类结果落实到空间分布图(图 6-3)上，SOFM 分类结果基本上以哀牢山为界，划分为东、西两个带，其中个旧、蒙自、砚山出现分类交叉现象，个旧划分到了哀牢山以西分类区，蒙自和砚山分到了哀牢山以东分类区。究其原因主要是个旧、砚山站海拔太高，分别为1720.50 m和1561.10 m，非地带性因素特强；蒙自气象台站附近区域因为受到来自不同地理方向的多个气流交互影响从而表现出明显差异性，这其中西南方向而来的夏季风气流对该地区有深刻影响，同时还受到东南方向的南海暖湿气流的深度作用。根据第二章对研究区气候气象及植被状况分析，在现有的分区中，西部分区平均年降水量1327.3 mm，气温年较差10.6 ℃，植被指数年平均值为3798.8，东部分区平均年降水量及气温年较差、植被指数年平均值依次为1174.3 mm、12.3 ℃、3346.8。结合 SOFM 二分法分类结果，将研究区初步划分为高湿低温差高覆被区和低湿高温差低覆被区两个区。

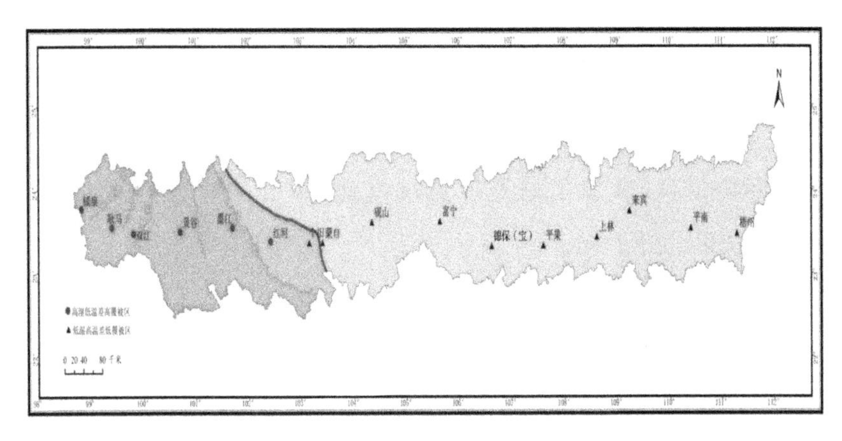

图 6-3 SOFM 二分法分类结果空间展示

2.区域分界与地形

基于研究区 DEM 数据绘制区域地形，从地形上研究区以哀牢山为界，明显分为东、西两部分。哀牢山以西地区海拔普遍较高，地势总体从西北向东南倾斜，山高谷深，地形落差大，河流发育；哀牢山以东地区，自西向东海拔逐渐降低，地势变缓。在研究区的西部，耿马与双江地形地貌较为类似，结合前述水汽输送及降水特征的分析结果，二者优先聚类；由于镇康在地貌上与上述两个地区地貌特征类似，其相似程度优于景谷、墨江和红河，故而在聚类过程中，其先后顺序依次为耿马、双江、镇康、景谷、墨江、红河；蒙自和砚山地貌特征的相似度较高，优先聚类，从地形落差来看，更具哀牢山西部地区山地特征；个旧位于阴、阳两山之间，其地形地貌特征与富宁相似，高原、山地、丘陵共存，但总体特征与哀牢山以东地貌特征较为相像；此外德保(宝)与平果、上林与平南地貌特征类似，来宾与梧州地貌特征类似，故而在哀牢山以东地区，依据地貌进行区域聚类，其先后顺序依次为：个旧、富宁、德保(宝)、平果、上林、平南、来宾、梧州。根据地貌特征的相似性进行区域分界的结果，可以用来解释图 6-3 区域分界的结果。同时也进一步说明地形是区域分界结果的关键要素。

3.区域分界与水文要素

基于研究区 DEM 数据，应用 ArcGIS 软件，利用水文分析工具，按照图 6-4 所示的流程，获取了研究区流域盆地(由分水岭分割而成的汇水区)的分析结果，见图 6-5。

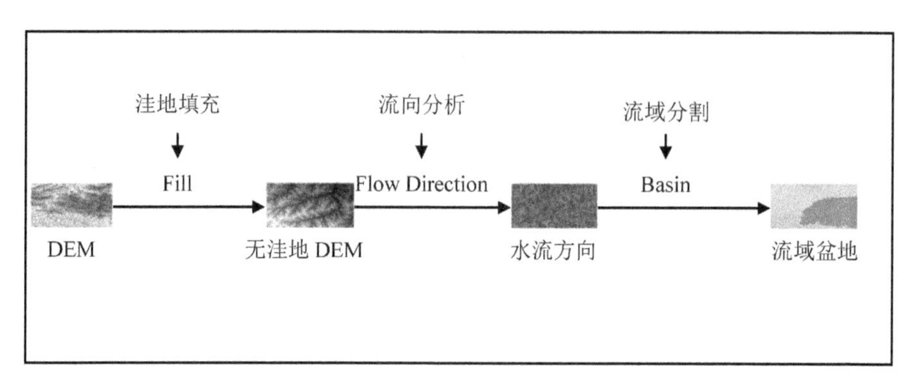

图 6-4　流域盆地分析操作流程

从图 6-5 可以看出，受哀牢山、无量山、邦马山、老别山等山地影响，研究区内形成了镇康、耿马与双江、景谷、墨江、红河、个旧与蒙自、砚山、富宁与德保(宝)、平果、上林及来宾、平南与梧州等多个汇水区。从水文分区的角度看，研究区内以个旧与蒙自所在的汇水区为界，划分为东、西两个区。西区内耿马与双江、镇康、景谷、墨江、红河的分类关系与基于地形的分类结果相似；东区内德保(宝)与平果、上林、平南、来宾、梧州表现出的分类关系与基于地形的分类结果相似，但个旧与富宁、蒙自与砚山的关系与基于地形分类的结果相差较大。这说明区域分界与水文分区有一定关联。

6.4.2　SOFM 分类结果与同位素证据

通过对整个雨季及一次降水氢氧稳定同位素空间分布格局的分析(详见第四章)，可以推断出西南水汽和南海水汽交互影响的区域：在研究区雨季降水氢氧稳定同位素空间分布格局中，根据研究区整个雨季降水

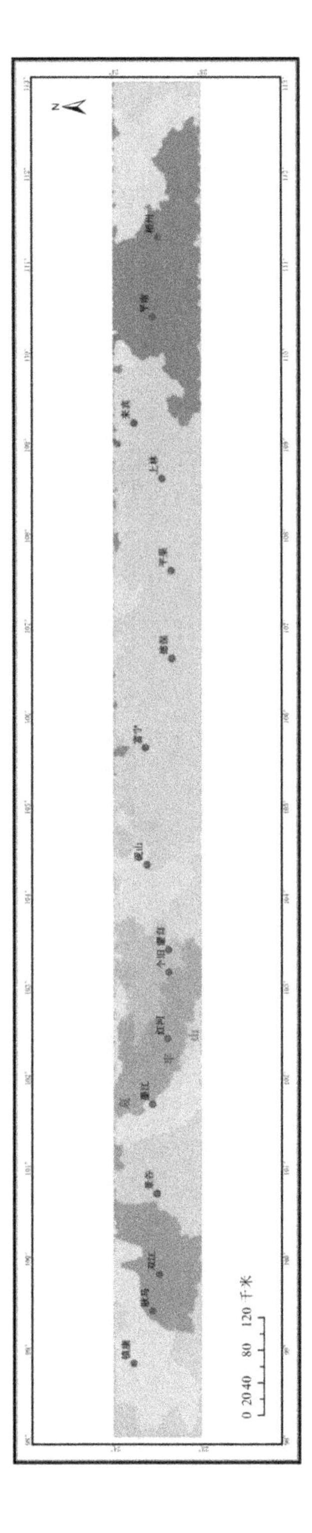

图6-5　流域盆地分析结果

氢氧稳定同位素空间格局(图 6-6)和一次降水氢氧稳定同位素空间格局(图 6-7)可以看出,在云南的个旧、蒙自、红河附近地区的 δ^2H 和 δ^{18}O 空间变化格局比较大,说明该地区降水变化大。整个雨季及一次降水氢氧稳定同位素在该地区均表现相似的变化特征。原因可能是西南水汽在越过哀牢山后与南海水汽在砚山和富宁地区附近交汇,原本单一水汽源地的降水中 δ^2H 和 δ^{18}O 沿水汽输送路径不断衰减,但是当两股水汽交互影响时,共同作用导致 δ^2H 和 δ^{18}O 值发生了很大的改变,因此致使个旧、蒙自、红河附近地区的等值线比较密集,并由此推断出个旧、蒙自、红河附近地区有可能是西南水汽和南海水汽交互影响的区域。

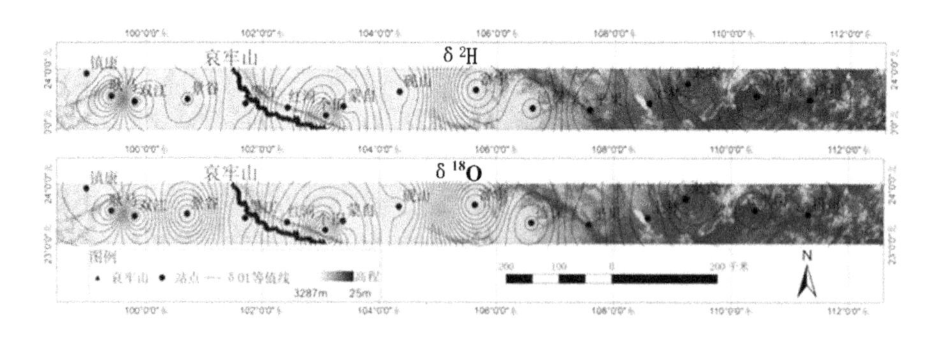

图 6-6　研究区雨季降水中 δ^2H 和 δ^{18}O 空间分布格局

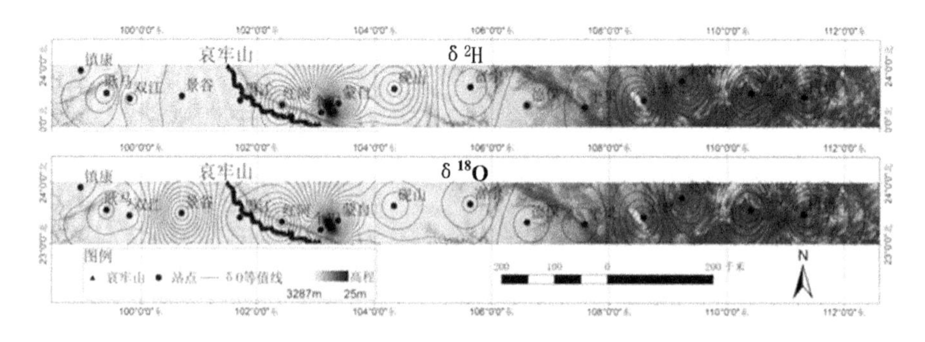

图 6-7　研究区一次降水过程中 δ^2H 和 δ^{18}O 空间分布格局

来源于一年的雨季降水和一次降水同位素证据,一致得出个旧、蒙自、红河附近地区是西南水汽和南海水汽交互影响的区域,与 SOFM 分类结果基本一致,较好地印证了 SOFM 分类方法的有效性。

6.4.3 SOFM 分类结果与 HYSPLIT 模拟

根据图 6-8 能够获知，处于云南省内的研究样点从西端的镇康地区一直到红河附近，这些地区主要受到西向或西南向的水汽影响，而处于云南省最东端的研究气象点富宁附近水汽来源较为复杂，东向和北向以及东南向都有较多的水汽汇入，明显看出这个地区的水汽来源不是绝对的西南夏季风，处于研究区中部的气象站点个旧和蒙自以及砚山表现的水汽来源比较复杂但相对有序，即这三个点来自偏东以及偏西的水汽均很显著。据此推断研究区样点个旧、蒙自、砚山的水汽输送特征表明，哀牢山高大的岭谷地形对孟加拉湾方向而来的西南暖湿气流造成重要阻碍，使得西南气流放慢输送速度且在经过哀牢山之后向东继续推进了一段与从东南方向而来的南海暖湿气流有了一定交互影响。

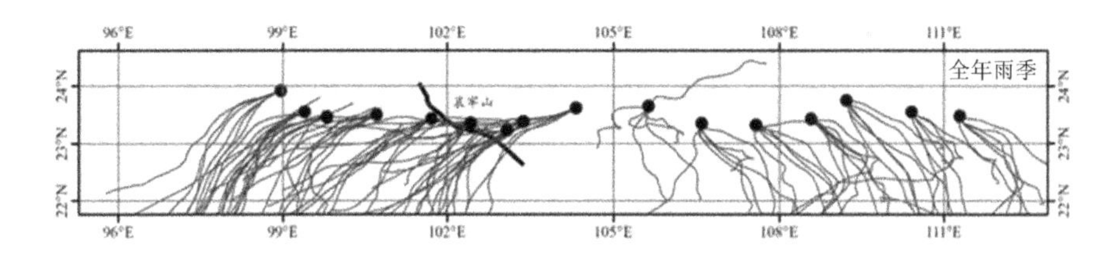

图 6-8　2013—2016 年 16 个观测站全雨季平均后向轨迹

另一方面，研究样点个旧、蒙自、砚山水汽输送轨迹比较密集，说明各地理方向对其输送的水汽量较多，降水比较丰富，因此在雨季期间降水事件发生次数可能比较多，即可能是多次降水；而在云南省东部的一定区域内，水汽输送轨迹极少，并且只有来自南海的水汽，因此可以说明在该区域降水发生次数可能较少。通过这两个区域水汽输送多少的对比，可以推断出在个旧、蒙自、砚山附近区域水汽输送变化可能是来自不同方向的季风发生分界而导致的结果。而个旧、蒙自、砚山附近区域的水汽输送之所以会发生较大变化是由于个旧、蒙自、砚山附近的地形、地貌比较复杂，进而导致了不同季风风向的分界，而季风风向的变化则是通过水汽的输送来体现，即位于研究样点个旧西侧的无量山和哀牢山阻挡了西南水汽，因此西南水汽在经过该地区后水汽会有较大变化。主峰海拔3376米的无量山和海拔3166米的哀牢山位于个旧的西侧，当孟加拉湾的西南水汽遇到无量山与哀牢山的组合山脉时，被无量山与哀牢山所阻挡，使得西南季风风向发生改变，因此西南季风携带的水汽一部分绕过无量山和哀牢山从南北两侧继续往西北方向进行水汽输送，使得西南水汽沿着输送路径不断减少；另一部分西南水汽在越过无量山和哀牢山后，降水急剧减少，而此时个旧、蒙自、砚山也可能会受到较弱的南海水汽输送，所以西南水汽与南海水汽极有可能在个旧、蒙自、砚山地区附近交汇。而个旧是所有采样点中海拔最高的地区，并且位于云贵高原的南端，地处阴、阳两山之间，蒙自市的地形主要为山区和坝区，基于个旧和蒙自位于山区之中的地形原因，再加上个旧和蒙自很有可能受到南海水汽的影响，一起共同作用的结果导致了个旧、蒙自地区水汽输送发生较大变化。由此推断出两股水汽在研究样点个旧、蒙自、砚山地区产生交互影响区域这一结论，即携带两股水汽的季风的风向也可能因为较复杂地形的阻挡而发生分界。

本研究通过基于拉格朗日法的后向轨迹模拟作出推断，得出个旧、蒙自以及砚山附近地区是来自孟加拉湾以及来自南海的两股主要暖湿气流共同交互影响的区域。这与SOFM分类结果基本一致，较好地印证了SOFM分类方法的有效性。

6.4.4 区域分界结果

由上述分析结果可知，综合考虑多种影响因素，复合多种信息的SOFM分类方法可以较好地反映研究区气象、水文、地形地貌的综合作用，与基于同位素示踪及HYSPLIT后向轨迹模式所得结论一致。综合上述三种方法分类的结果，考虑到地形地貌及水文地质单元分区的影响作用，沿哀牢山以东的分水岭为界，将研究区划分为东、西两个区。

对中国大陆地区夏季风带来的暖湿气流是如何影响区域并造成分异的问题上，目前有关学者已经开展了不少分析判断，其研究结论有些跟本书结论较为一致。强学民等应用水汽通量及散度计算得出云南东部在季风区初期受东南水汽作用，在西南季风盛行后又同时受两股水汽交互影响，结论为东部地区为水汽交界处[175]。胡金明等应用空间分异分析了地形跟季风之间的关联度指数，从而得出两大季风交互影响区域跟着季风发展不断改变的结论，结果还表明其交互影响区域范围广[176]。胡金明等[177]应用处于纵向岭谷区沿着北回归线及其南北两侧气象站点1961—2007年之间的月降水资料，并基于所有站点年降水重点特征统计数据等资料，分析研究区表明：研究区西部、中部、东部的降水空间分异，各区域内部高度相似，而区域间分异明显。区域内部分地区降水量分异来自间隔分布的“岭—谷”地形影响。

由于研究区，特别是哀牢山以西地区山高谷深，地形起伏较大，作为区域分界的关键要素，16个地区的高程不能有效辅助建立SOFM模型，因此本研究在建立SOFM模型时，未将高程作为模型的变量考虑。从上述分析结果可知，SOFM模型能够反映区域地形、气象、水文、水汽输送等的变化特征，具有代表性，可用于研究区区域分界。但对于个旧、蒙自、砚山的界定不明确，原因有三：一是SOFM模型样本点过少，所选样本点的空间代表性较差；二是作为区域分界关键要素的地形未考虑在内，分类依据略显不足；三是样本数据量太少，样本数据的时间代表性差。为了提高SOFM模型的可靠性，提高模型的仿真度，下一步需要从以下几个方面完善模型：

(1)充分考虑地形地貌、气象、水文等要素，选择尽可能多的样本点，增强样本点的空间代表性；

(2)加密数据观测密度，在SOFM网络模型训练阶段，除了考虑不同空间位置同一时间节点的数据差异外，还需增加同一空间位置不同时间节点的数据，以增强样本点的时间代表性；

(3)增加自然要素类型，扩展模型输入变量，考虑植被类型、土壤特征、地质构造、地层岩性等要素对模型的影响作用，以增强网络模型的仿真度，进而提高模型的适用性；

(4)从网络权值初始化、学习速率等方面，完善 SOFM 模型，提高网络训练速度，增强模型仿真性。

6.5 本章小结

本章基于研究区雨季降水特征、氢氧同位素示踪水汽衰减、HYSPLIT 模型后向轨迹模式追踪水汽来源，构建了多元数据体系，基于 Matlab 构建了 SOFM 非线性分类器，就控制研究区雨季干湿状况的两股最主要暖湿气流(来自太平洋方向的南海水汽和来自印度洋方向的孟加拉湾水汽)交互影响区域进行了探索。本研究主要结论如下：

(1)借助稳定同位素质谱仪 MAT253 测定的 16 个区域、239 个有效样本的雨季大气降水中氢氧稳定同位素含量，完成了基于 GIS 平台的 δ^2H、$\delta^{18}O$ 及过量氘的空间格局分析，实现了中国西南夏季风和东南夏季风的交互影响区域界定，得出云南省红河、个旧、蒙自附近区域是孟加拉湾水汽和南海水汽交互影响区域。

(2)利用美国国家环境预报中心提供的 2013—2016 年全球资料同化系统风向数据，引入混合单粒子拉格朗日积分传输扩散模型的后向轨迹模式追踪了研究区的雨季水汽来源，定量了 16 个样点降水水汽源的贡献率，模拟了各地理方向水汽输送路径，尝试界定了两股夏季风暖湿气流的交互影响区域，得出了个旧、蒙自、砚山可能是孟加拉湾和南海两股暖湿气流交互影响区域的结论。

(3)基于 SOFM 网络模型，利用多元数据(雨季降水特征、水汽衰减、水汽输送)构建了数据体系驱动模型，完成了研究区区域分界，结果表明，以哀牢山为界，研究区分为东、西两个区，红河、个旧、蒙自附近地区应该是西南水汽和南海水汽交互影响的区域。

(4)通过对地形、水文单元分区与地形的关系等可能影响区域分界要素的定性分析,认为 SOFM 网络模型相比于同位素示踪法、HYSPLIT 后向轨迹模式法,对区域分界的结果更具科学性。

(5)气象、地形、水文等均为区域分界的影响要素,各影响要素之间相互影响,其中地形为区域分界的决定性因素。

(6)为增强区域分界模型的仿真度,提高分界精度,可以从以下三个方面开展工作:一是从时空两个方面增加样本数量,控制样本质量;二是要充分考虑研究区工程地质、水文地质及环境地质条件、区域构造、植被类型、土地利用类型等自然地理及地质要素的影响作用,将其量化后,引入模型。

7　结论与展望

7.1　主要研究结论

本书沿着“降水分异—水汽来源—输送路径—水汽交互影响界定”的总体思路展开研究，基于跨越云南、广西两省区23－24°N、99－111°E横向剖面的16个空间点位1971－2016年间的雨季降水区域分异结果，联合大气降水稳定同位素技术和水汽来源路径模型模拟等手段，完成了基于GIS平台的δ^2H、$\delta^{18}O$及过量氘的空间格局分析，计算了各个采样点位的不同地理方向的水汽来源贡献率，并模拟了水汽输送路径；最后，依据本研究构建的SOFM非线性分类器界定了孟加拉湾水汽和南海水汽在云桂两省区的交互影响区域。其研究结论主要体现在如下四个方面：

(1)雨季降水区域分异方面，应用雨季开始期计算标准定量计算了研究区相关的16个气象台站1971－2016年间的精准雨季开始旬，并分析了研究区雨季开始期的4、5月间降水总量、降水强度及降水日数的变化特征。

研究区雨季开始时间区域差异显著，哀牢山以东地区先进入雨季，而以西地区雨季开始相对较晚；哀牢山以东地区降水量较大，且由东向西递减，而哀牢山以西地区降水量较小，也呈现出由西向东递减的现象；降水强度变化趋势为哀牢山以东地区伴随着时间推移有减弱趋势，而哀牢山以西地区则有增强趋向，降水总量年际波动空间差异较大，总体上东部稳定性高于西部地区，并有自东向西逐渐减弱的规律。

(2)大气降水同位素证据方面,主要通过16个空间点位的2014年度雨季大气降水样本采集,借助稳定性同位素质谱仪MAT253对239个有效样本的δ^2H、$\delta^{18}O$精准测定,完成了基于GIS平台的δ^2H、$\delta^{18}O$及过量氘的空间格局分析。

整个雨季和6月中下旬的一次典型降水过程中的δ^2H和$\delta^{18}O$空间变化趋势基本一致,变化格局主要受到降雨量效应和大陆效应控制,而哀牢山山高大导致地形阻隔、云南高原正地形水汽截留也是重要因素;大气降水氢氧稳定同位素证据显示,红河、个旧应该是印度洋夏季风和太平洋夏季风的水汽影响分界区域;研究区大气降水中氢氧稳定同位素组成不仅仅受水汽源地和季风环流控制,高原、山地等正地形影响下的局地环流也是主要成因之一。

(3)水汽来源路径模型模拟方面,主要通过利用美国国家环境预报中心提供的2013—2016年4年间的全球资料同化系统风向数据,引入混合单粒子拉格朗日传输扩散模型的后向轨迹模式模拟追踪了云南、广西两省区的雨季水汽输送路径,并定量了16个样点不同地理方向的降水水汽源地贡献率。

云南省雨季大气降水的水汽源地以孟加拉湾占绝对优势,而广西雨季大气降水的水汽源地以南海为主,孟加拉湾水汽贡献率次之;个旧、蒙自、砚山一带是研究区雨季不同暖湿气流共同作用的分界地带,西南暖湿气流(来源于孟加拉湾)在越过无量山—哀牢山之后在个旧、蒙自和砚山附近地区与南海水汽发生交互影响。

(4)在研究区雨季降水区域分异、大气降水氢氧稳定同位素证据、水汽来源路径模型的基础上,通过构建SOFM非线性分类器界定了孟加拉湾水汽和南海水汽的交互影响区域。

哀牢山山脉东侧的红河、个旧、蒙自是研究区内的南海水汽和孟加拉湾水汽交互影响区域,是西南夏季风和东南夏季风的分界地带。

7.2 文章创新点

(1)稳定同位素示踪与 HYSPLIT 方法联合示踪了水汽源地,实现了雨季水汽输送路径空间分异的定量模拟。

(2)实现了对孟加拉湾水汽和南海水汽交互影响区域的重新认识和再确定,即西南夏季风和东南夏季风的分界地带位于哀牢山脉以东地区,而非典型地理意义上的哀牢山山脉。

(3)构建水汽来源分异量化多元数据体系与非线性分类器 SOFM,并实现了两者的契合,聚焦于研究区非参数化模式的识别,补充了区域分异研究的理论与方法。

7.3 研究不足及展望

(1)在同位素证据研究中,有关每次大气降水时(日降水≥25 mm)的气温、气压、风速、降水总量等数据没有得到完整数据链,一定程度地造成过量氘空间格局分析效果较差,但这些要素也都是大气降水过量氘数值变化的影响因素。因此,过量氘空间分布格局成因分析还需进一步加强研究。

(2)在 HYSPLIT 后向轨迹模拟中,仅仅依据风向数据模拟大气降水水汽来源地追踪也有待商榷,虽然也取得了部分令人信服的研究成果。另外,由于我国的西南地区属于典型的季风气候区,水汽来源以及影响降水的因素非常复杂,其他诸如复杂地形、高原季风、本地水面蒸发、茂密植被蒸腾等,也都是影响因素,这些因素的影响程度如何也都是进一步工作的内容和方向。

(3)积极尝试非线性分类器 SOFM 分界,虽然有了初步成效,也验证了科学性,但是在亚热带季风区雨季水汽来源分异量化数据体系构建方面,构建方法仍然不尽如人意,数据指标选择稍显粗放,分界精度方面仍然有很多工作需要做。

参考文献

[1]STOCKER T F, QIN D, PLATTNER G K, et al. The physical science basis. Contribution of working group I to the fifth assessment report of the intergovernmental panel on climate change[J]. Computational Geometry, 2013, 18(02): 95-123.

[2]CHANGNON S A. The climate event of the century[M]. New York: Oxford University Press, 2000.

[3]EASTERLING D R, KARL T R, GALLO K P, et al. Observed climate variability and change of relevance to the biosphere[J]. Journal of Geophysical Research: Atmospheres, 2000, 105(D15): 20101-20114.

[4]丁裕国,郑春雨,申红艳.极端气候变化的研究进展[J].沙漠与绿洲气象,2008,2(06):1-5.

[5]江志红,丁裕国,陈威霖.21 世纪中国极端降水事件预估[J].气候变化研究进展,2007,3(04):202.

[6]黄荣辉,蔡榕硕,陈际龙,等.我国旱涝气候灾害的年代际变化及其与东亚气候系统变化的关系[J].大气科学,30(5):730-743.

[7]黄荣辉,刘永,王林,等.2009 年秋至 2010 年春我国西南地区严重干旱的成因分析[J].大气科学,2012,36(03):443-457.

[8]贺晋云.中国西南地区极端干旱特征及其对区域气候变化的响应[D].兰州:西北师范大学,2012.

[9]吴华武,章新平,关华德,等.不同水汽来源对湖南长沙地区降水中 δD、$\delta^{18}O$ 的影响[J].自然资源学报,2012,27(08):1404-1414.

[10]章新平,刘晶淼,中尾正义,等.我国西南地区降水中过量氘指示水汽来源[J].冰川冻土,2009,31(04):613-619.

[11]胡菡,王建力.重庆市 2013 年 10—12 月大气降水中氢氧同位素特征及水汽来源分析[J].中国岩溶,2015,34(03):247-253.

[12]柳鉴容,宋献方,袁国富,等.我国南部夏季季风降水水汽来源的稳定同位素证据[J].自然资源学报,2007,(06):1004-1012.

[13]段旭,琚建华,肖子牛,等.云南气候异常物理过程及预测信号的研究[M].北京:气象出版杜,2000:75-80.

[14]马锋波,肖子牛,李聪.云南年降水与亚洲季风活动的关系[J].科技信息,2009,(02):591+588.

[15]何华,孙绩华.云南冷锋切变大暴雨过程的环流及水汽输送特征[J].气象,2003,029(04):48-52.

[16]汤绪,陈葆德,梁萍,等.有关东亚夏季风北边缘的定义及其特征[J].气象学报,2009,67(01):83-89.

[17]郝成元,吴绍洪,李双成.排列熵应用于气候复杂性度量[J].地理研究,2007,26(01):46-52.

[18]任伟.拉格朗日气块追踪分析法在水汽输送研究中的应用[D].南京信息工程大学,2012.

[19]孙建华,汪汇洁,卫捷,等.江淮区域持续性暴雨过程的水汽源地和输送特征[J].气象学报,2016,74(04):542-555.

[20]谢义炳,戴武杰.中国东部地区夏季水汽输送个例计算[J].气象学报(中文版),1959(2):173-185.

[21]李栋梁,姚辉.中国西北夏季降水量与500 hPa纬偏场的特征分析[J].气象,1995,21(11):22-26.

[22]朱磊,范弢,郭欢.西南地区大气降水中氢氧稳定同位素特征与水汽来源[J].云南地理环境研究,2014,26(05):61-67.

[23]强学民,杨修群.华南前汛期开始和结束日期的划分[J].地球物理学

报,2008,51(05):1333-1345.

[24]晏红明,李清泉,孙丞虎,等.中国西南区域雨季开始和结束日期划分标准的研究[J].大气科学,2013,37(05):1111-1128.

[25]黄彩婷.江西雨季结束日期的划分及气候学特征分析[J].江西科学,2012,30(06):775-778.

[26]吕军.淮北雨季的确定及其气候特征研究[D].南京:南京信息工程大学,2012.

[27]梁萍,丁一汇,何金海,等.江淮区域梅雨的划分指标研究[J].大气科学,2010,34(02):418-428.

[28]刘瑜,赵尔旭,黄玮,等.初夏孟加拉湾低压与云南雨季开始期[J].高原气象,2007,26(03):572-578.

[29]张家诚.中国气候总论[M].北京:气象出版社,1991.

[30]郭其蕴,王继琴.近三十年我国夏季风盛行期降水的分析[J].地理学报,1981,36(02):187-195.

[31]赵汉光.华北的雨季[J].气象,1994,20(06):3-8.

[32]王学忠,孙照渤,谭言科,等.东北雨季的划分及其特征[J].南京气象学院学报,2006,29(02):203-208.

[33]苗长明,郭品文,丁一汇,等.江南南部初夏汛期降水特征Ⅱ:雨季指数与影响雨季的大气环流关键区[J].大气科学学报,2013,36(06):717-724.

[34]陶云,郑建萌,万云霞,等.云南雨季开始期演变特征分析[J].气候与环境研究,2006,11(02):229-235.

[35]RAJAH K, O'LEARY T, TURNER A, et al. Changes to the temporal distribution of daily precipitation[J]. Geophysical Research Letters, 2014, 41(24): 8887-8894.

[36]TRENBERTH K E. Changes in precipitation with climate change[J]. Climate Research, 2011, 47(1-2): 123-138.

[37]WEN G, HUANG G, HU K, et al. Changes in the characteristics of precipitation over northern Eurasia[J]. Theoretical and Applied Climatology, 2015, 119 (3-4): 653-665.

[38]LIU B, XU M, HENDERSON M, et al. Observed trends of precipitation amount, frequency, and intensity in China, 1960-2000 [J]. Journal of Geophysical Research: Atmospheres, 2005, 110 (D8).

[39]GAJIĆ-ČAPKA M. Secular trends of precipitation amount, frequency and intensity in Croatia [C]. Meteorology at the Millennium. 2000: 83-83.

[40]GROISMAN P Y, KNIGHT R W, KARL T R. Changes in Intense Precipitation over the Central United States[J]. J. Hydrometeorol, 2012, 13(01): 47-66.

[41]KUNKEL K E, EASTERLING D R, REDMOND K, et al. Temporal variations of extreme precipitation events in the United States: 1895-2000[J]. Geophysical research letters, 2003, 30(17).

[42]FUJIBE F, Yamazaki N, Katsuyama M, et al. The increasing trend of intense precipitation in Japan based on four-hourly data for a hundred years[J]. Sola, 2005, 1: 41-44.

[43]BECK F, BÁRDOSSY A, Seidel J, et al. Statistical analysis of sub-daily precipitation extremes in Singapore[J]. Journal of Hydrology: Regional Studies, 2015, 3: 337-358.

[44]SILLMANN J, KHARIN V V, ZWIERS F W, et al. Climate extremes indices in the CMIP5 multimodel ensemble: Part 2. Future climate projections[J]. Journal of geophysical research: atmospheres, 2013, 118(06): 2473-2493.

[45]VOSS R, MAY W, ROECKNER E. Enhanced resolution modelling

study on anthropogenic climate change: changes in extremes of the hydrological cycle [J]. International Journal of Climatology: A Journal of the Royal Meteorological Society, 2002, 22(07): 755-777.

[46]KUNKEL K E, KARL T R, EASTERLING D R, et al. Probable maximum precipitation and climate change [J]. Geophysical Research Letters, 2013, 40(07): 1402-1408.

[47]YAO C, YANG S, QIAN W, et al. Regional summer precipitation events in Asia and their changes in the past decades[J]. Journal of Geophysical Research Atmospheres, 2008, 113(D17):1-17.

[48]HUNDECHA Y, BÁRDOSSY A. Trends in daily precipitation and temperature extremes across western Germany in the second half of the 20th century[J]. International Journal of Climatology: A Journal of the Royal Meteorological Society, 2005, 25(09): 1189-1202.

[49]QIAN W, FU J, YAN Z W. Decrease of light rain events in summer associated with a warming environment in China during 1961-2005[J]. Geophysical Research Letters, 2007, 34(11): 11705-1-11705-5.

[50]ZHU Y, WANG H, ZHOU W, et al. Recent changes in the summer precipitation pattern in East China and the background circulation[J]. Climate Dynamics, 2011, 36 (7-8): 1463-1473.

[51]余功梅.华南地区近 40 年降水的气候特征[J].热带气象学报,1996, 12(03): 61-65.

[52]陆虹,陈思蓉,郭媛,等.近 50 年华南地区极端强降水频次的时空变化特征[J].热带气象学报,2012,28(02):219-227.

[53]嵇志华,孙庆丰,杨传萍,等.嫩江地区近 30 年大风天气的变化规律及其影响[J].林业勘查设计,2014,(02):77-78.

[54]吴贤云,叶成志,王琪.两湖流域雨季降水气候特征分析[J].暴雨灾害,2016,35(06):497-503.

[55]王连杰,毛文书,刘琳,等.川渝地区雨季降水特征及海温背景场分析[J].高原山地气象研究,2015,35(01):56-59.

[56]于群,周发琇,汤子东,等.冬季山东半岛局地性降水气候的形成[J].高原气象,2011,30(03):719-726.

[57]GROUP I, AVERYT M, SOLOMON S, et al. IPCC, Climate Change: The Physical Science Basis [J]. South African Geographical Journal Being A Record of the Proceedings of the South African Geographical Society, 2007, 92(01): 86-87.

[58]吴凯,王晓琳,许怡,等.中国大陆降水时空格局演变新事实[J].南水北调与水利科技,2017,15(03):30-36.

[59]VENTURA F, PISA R P, ARDIZZONI E. Temperature and precipitation trends in Bologna (Italy) from 1952 to 1999[J]. Atmospheric Research, 2002, 61 (03): 203-214.

[60]YUE S, HASHINO M. Long Term Trends of Annual and Monthly Precipitation in Japan[J].Jawara Journal of the American Water Resources Association, 2003, 39 (03): 587-596.

[61]BURNS A D, KLAUS J, MCHALE R M. Recent climate trends and implications for water resources in the Catskill Mountain region, New York, USA[J]. Journal of Hydrology, 2006, 336 (01): 155-170.

[62]MOSMANN V, CASTRO A, FRAILE R, et al. Detection of statistically significant trends in the summer precipitation of mainland Spain[J]. Atmospheric Research, 2003, 70 (01): 43-53.

[63]DORE M H. Climate change and changes in global precipitation patterns: what do weknow? [J]. Environ Int, 2005, 31(08):

1167-1181.

[64]PARTAL T, KAHYA E. Trend analysis in Turkish precipitation data[J]. Hydrological Processes: An International Journal, 2006, 20(09): 2011-2026.

[65]SOUZA ECHER M P, ECHER E, NORDEMANN D J, et al. Wavelet analysis of a centennial (1895-1994) southern Brazil rainfall series (Pelotas, 31°46′19″S 52°20′33″W)[J]. Climatic Change, 2008, 87(03): 489-497.

[66]KRISHNAKUMAR K N, RAO G P, GOPAKUMAR C S. Rainfall trends in twentieth century over Kerala, India[J]. Atmospheric Environment, 2009, 43 (11): 1940-1944.

[67]HANIF M, KHAN A H, ADNAN S. Latitudinal precipitation characteristics and trends in Pakistan[J]. Journal of Hydrology, 2013, 492:266-272.

[68]黄荣辉,徐予红,周连童.我国夏季降水的年代际变化及华北干旱化趋势[J].高原气象,1999,(04):465-476.

[69]覃军,王海军.湖北省1961年以来气温和降水变化趋势及分布[J].华中农业大学学报,1997,16(04):99-104.

[70]周子康,汤燕冰,俞连根,等.中国气候对全球气温增暖的响应[J].科技通报,1997,13(02):2-7.

[71]陈学凯.贵州省多时间尺度气象干旱时空变化特征研究[D].华北水利水电大学,2016.

[72]钟爱华,李跃清.川北绵阳地区降水量的时空分布特征及变化趋势[J].高原山地气象研究,2009,29(04):63-69.

[73]张磊,缪启龙.青藏高原近40年来的降水变化特征[J].干旱区地理,2007,30(02):240-246.

[74]宋连春,韩永翔,孙国武.中亚和中国西北干旱气候变化特征及其对

产业结构的影响[J].干旱气象,2003,21(03):43-47.

[75]张健,章新平,王晓云,等.近47年来京津冀地区降水的变化[J].干旱区资源与环境,2010,24(02):74-80.

[76]章新平,关华德,孙治安,等.云南降水中稳定同位素变化的模拟和比较[J].地理科学,2012,32(01):121-128.

[77]徐洪雄,徐祥德,张胜军,等.台风韦森特对季风水汽流的"转运"效应及其对北京"7·21"暴雨的影响[J].大气科学,2014,38(03):537-550.

[78]竺可桢.东南季风与中国之雨量[J].地理学报,1934(01):1-27+197.

[79]PEARCE R P, MOHANTHY U C. Onsets of the Asian summer monsoon 1979-82[J]. Journal of Atmospheric Sciences, 1984, 41(09): 1620-1639.

[80]庞洪喜,何元庆,张忠林,等.季风降水中 $\delta^{18}O$ 与季风水汽来源[J].科学通报,2005,50(20): 81-84.

[81]胡菡,王建力.云南地区大气降水中氢氧同位素特征及水汽来源分析[J].西南师范大学学报(自然科学版),2015,40(05):142-149.

[82]吴国雄,张永生.青藏高原的热力和机械强迫作用以及亚洲季风的爆发:I.爆发地点[J].大气科学,1998,22(06):825-838.

[83]田红,郭品文,陆维松.中国夏季降水的水汽通道特征及其影响因子分析[J].热带气象学报,2004,20(04):401-408.

[84]张新主.西南地区水汽输送特征分析[D].长沙:湖南师范大学,2011.

[85]周长艳,李跃清,李薇,等.青藏高原东部及其邻近地区水汽输送的气候特征[J].高原气象,2005,V24(06):880-888.

[86]徐祥德,陶诗言,王继志,等.青藏高原一季风水汽输送"大三角扇型"影响域特征与中国区域旱涝异常的关系[J].气象学报,2002,60(03):257-266.

[87]张万诚,汤阳,郑建萌,等.夏季风水汽输送对云南夏季旱涝的影响

[J].自然资源学报,2012,27(02):293-301.

[88]曹杰,陶云,段旭.云南5月强降水天气与亚洲季风变化的关系[J].云南大学学报:自然科学版,2002,24(05):361-365.

[89]秦剑.低纬高原天气气候[M].北京:气象出版社,1997.

[90]何大明,吴绍洪,彭华,等.纵向岭谷区生态系统变化及西南跨境生态安全研究[J].地球科学进展,2005(03):338-344.

[91]郝成元,吴绍洪,李双成.基于SOFM的区域界线划分方法[J].地理科学进展,2008(05):121-127.

[92]曹杰,李华宏,姚平,等.北半球夏季印度洋和太平洋水汽交汇区及其空间分异规律研究[J].自然科学进展,2009,19(03):302-309.

[93]廖雪萍,覃志年,何慧,等.南海夏季风爆发早晚对广西气候的影响[J].气象研究与应用,2007(03):12-17.

[94]李永华,徐海明,高阳华,等.西南地区东部夏季旱涝的水汽输送特征[J].气象学报,2010,68(06):932-943.

[95]常越,何金海,刘芸芸,等.华南旱、涝年前汛期水汽输送特征的对比分析[J].高原气象,2006(06):1064-1070.

[96]STOHL A, JAMES P. A Lagrangian analysis of the atmospheric branch of the global water cycle. Part I: Method description, validation, and demonstration for the August 2002 flooding in central Europe[J]. Journal of Hydrometeorology, 2004, 5(04): 656-678.

[97]苏继峰,周韬,朱彬,等.2009年6月皖南梅雨暴雨诊断分析和水汽后向轨迹模拟[J].气象与环境学报,2010,26(03):34-38.

[98]陈斌,徐祥德,施晓晖.拉格朗日方法诊断2007年7月中国东部系列极端降水的水汽输送路径及其可能蒸发源区[J].气象学报,2011,69(05):810-818.

[99]孙妍,栾猛,蒋立,等.2010年7月吉林省暴雨诊断分析和水汽后向轨迹模拟[J].安徽农业科学,2011,39(28):17502-17503.

[100]杨浩，江志红，刘征宇，等.基于拉格朗日法的水汽输送气候特征分析：江淮梅雨和淮北雨季的对比[J].大气科学，2014，38(05)：965-973.

[101]吴凡，阙志萍，龙余良.2014 年 5 月中旬江西地区暴雨天气过程水汽输送特征分析[J].气象与减灾研究，2014，37(03)：17-22.

[102]MARQUILLAS R，SABINO I，SIAL A N，et al. Carbon and oxygen isotopes of Maastrichtian-Danian shallow marine carbonates：Yacoraite Formation，northwestern Argentina[J]. Journal of South American Earth Sciences，2007，23(04)：304-320.

[103]BANERJEE S，BHATTACHARYA S K，SARKAR S. Carbon and oxygen isotopic variations inperitidal stromatolite cycles，Paleoproterozoic Kajrahat Limestone，Vindhyan basin of central India[J]. Journal of Asian Earth Sciences，2007，29(5-6)：823-831.

[104]AUGLEY J，HUXHAM M，FERNANDES T F，et al. Carbon stable isotopes in estuarine sediments and their utility as migration markers for nursery studies in the Firth of Forth and Forth Estuary，Scotland[J]. Estuarine，Coastal and Shelf Science，2007，72(04)：648-656.

[105]FAN M，DETTMAN D L，SONG C，et al. Climatic variation in theLinxia basin，NE Tibetan Plateau，from 13.1 to 4.3 Ma：the stable isotope record[J]. Palaeogeography，Palaeoclimatology，Palaeoecology，2007，247(3-4)：313-328.

[106]SADAQAH R M，ABED A M，GRIMM K A，et al. Oxygen and carbon isotopes in Jordanian phosphorites and associated fossils[J]. Journal of Asian Earth Sciences，2007，29(5-6)：803-812.

[107]章新平，杨大庆，刘晶淼.北美洲降水中稳定同位素的时空分布以及

与 ENSO 的关系[J]. 冰川冻土,2006,28(01):29-36.

[108] DANSGAARD W. Stable isotopes in precipitation[J]. Tellus, 1964, 16(04): 436-468.

[109] ARAGUÁS - ARAGUÁS L, FROEHLICH K, ROZANSKI K. Stable isotope composition of precipitation over southeast Asia[J]. Journal of Geophysical Research: Atmospheres, 1998, 103(D22): 28721-28742.

[110] BOUCHAOU L, MICHELOT J L, VENGOSH A, et al. Application of multiple isotopic and geochemical tracers for investigation of recharge, salinization, and residence time of water in the Souss-Massa aquifer, southwest of Morocco[J]. Journal of Hydrology, 2008, 352(3-4): 267-287.

[111] BROWN D, WORDEN J, NOONE D. Comparison of atmospheric hydrology over convective continental regions using water vapor isotope measurements from space[J]. Journal of Geophysical Research: Atmospheres, 2008, 113(D15).

[112] 田立德,姚檀栋,TSUJIMURA M,等.青藏高原中部土壤水中稳定同位素变化[J].土壤学报,2002,39(03):289-295.

[113] 王福刚,廖资生.应用 D、^{18}O 同位素峰值位移法求解大气降水入渗补给量[J].吉林大学学报:地球科学版,2007,37(02):284-287.

[114] 田立德,马凌龙,余武生,等.青藏高原东部玉树降水中稳定同位素季节变化与水汽输送[J].中国科学(D 辑:地球科学),2008(08):986-992.

[115] 章新平,姚檀栋,中尾正义,等.青藏高原及其毗邻地区降水中稳定同位素成分的经向变化[J].冰川冻土,2002(03):245-253.

[116] 柳鉴容,宋献方,袁国富,等.中国东部季风区大气降水 δ^{18}O 的特征及水汽来源[J].科学通报,2009,54(22):3521-3531.

[117]陈中笑，程军，郭品文，等.中国降水稳定同位素的分布特点及其影响因素[J].大气科学学报，2010，33(06)：667-679.

[118]AGGARWAL P K，FRÖHLICH K，KULKARNI K M，et al. Stable isotope evidence for moisture sources in the Asian summer monsoon under present and past climate regimes[J]. Geophysical Research Letters，2004，31(08)：239-261.

[119]SENGUPTA S，SARKAR A. Stable isotope evidence of dual (Arabian Sea and Bay of Bengal) vapour sources in monsoonal precipitation over north India[J]. Earth and Planetary Science Letters，2006，250(3-4)：511-521.

[120]王永森，董四方，陈益钟.基于温度与湿度的大气降水同位素特征影响因素分析[J].中国农村水利水电，2013(06)：12-15.

[121]李小飞，张明军，王圣杰，等.黄河流域大气降水氢、氧稳定同位素时空特征及其环境意义[J].地质学报，2013，87(02)：269-277.

[122]田立德，姚檀栋，WHITE J W C，等.喜马拉雅山中段高过量氘与西风带水汽输送有关[J].科学通报，2005(07)：669-672.

[123]刘鑫，宋献方，夏军，等.黄土高原岔巴沟流域降水氢氧同位素特征及水汽来源初探[J].资源科学，2007(03)：59-66.

[124]MOOK W G. Environmental isotopes in the hydrological cycle，principles and applications. Volume III：Surface [J]. Contraception，2001，87(04)：506-507.

[125]ROZANSKI K，ARAGUÁSARAGUÁS L，GONFIANTINI R. Relation Between Long-Term Trends of Oxygen-18 Isotope Composition of Precipitation and Climate[J]. Science，1992，258(5084)：981-985.

[126]李亚举.天山乌鲁木齐河源1号冰川积累区雪冰中稳定氧同位素演化过程研究[D].兰州：西北师范大学，2013.

[127]张升东.基于环境同位素的锦绣川流域水循环规律研究[D].济南：济南大学,2013.

[128]张琳,陈立,刘君,等.香港地区大气降水的D和^{18}O同位素研究[J].生态环境学报,2009,18(02):572-577.

[129]侯典炯,秦翔,吴锦奎,等.乌鲁木齐大气降水稳定同位素与水汽来源关系研究[J].干旱区资源与环境,2011,25(10):136-142.

[130]艾莎,依米提,哈历别克,等.塔里木盆地降水中稳定同位素变化特征浅析:以和田地区为例[J].安徽农业科学,2012,40(04):2163-2165.

[131]蔡明刚,金德秋.厦门大气降水的氢氧同位素研究[J].应用海洋学学报,2000,19(04):446-453.

[132]赵家成,魏宝华,肖尚斌.湖北宜昌地区大气降水中的稳定同位素特征[J].热带地理,2009,29(06):526-531.

[133]章新平,刘晶淼,孙维贞,等.中国西南地区降水中氧稳定同位素比率与相关气象要素之间关系的研究[J].中国科学:地球科学,2006,36(09):850-859.

[134]郑度,等.自然地域系统研究[M].北京:中国环境科学出版社,1997.

[135]刘闯.中尺度对地观测系统支持下中国综合自然地理区划新方法论研究[J].地理科学进展,2004,23(06):1-9.

[136]陈泯融,邓飞其.一种基于自组织特征映射网络的聚类方法[J].系统工程与电子技术,2004,26(12):1864-1866.

[137]王虹,时文.基于SOFM的聚类分析在数据挖掘中的应用研究[J].交通信息与安全,2005,23(03):44-46.

[138]郑度,葛全胜,张雪芹,等.中国区划工作的回顾与展望[J].地理研究,2005,24(03):330-344.

[139]杨行峻,郑君里.人工神经网络[M].北京:高等教育出版社,1992.

[140]胡金明,何大明,吴绍洪,等.纵向岭谷区北回归线一带年降水区域

分异特征[J].地理学报,2010,65(03):281-292.

[141]潘韬,吴绍洪,何大明,等.纵向岭谷区地表格局的生态效应及其区域分异[J].地理学报,2012,67(01):13-26.

[142]王艳姣,闫峰.1960—2010年中国降水区域分异及年代际变化特征[J].地理科学进展,2014,33(10):1354-1363.

[143]孔锋,王一飞,方建,等.中国不同月份和持续时间降雨的变化趋势与波动特征的空间格局对比研究(1961—2015)[J].首都师范大学学报(自然科学版),2017,38(06):85-95.

[144]陈绿文.1920—2000年全球陆地降水场气候变化若干问题研究[D].南京:南京气象学院,2002.

[145]胡润杰.近50年华东地区夏季降水时空分布及异常成因研究[D].合肥:安徽农业大学,2016.

[146]杨建平,丁永建,陈仁升,等.近50年来中国干湿气候界线的10年际波动[J].地理学报,2002(06):655-661.

[147]黄惠镕.基于统计降尺度的淮南地区夏季降水精细化预报方法[D].南京:南京信息工程大学,2012.

[148]范思睿,王维佳,刘东升,等.基于再分析资料的西南区域近50a空中水资源的气候特征[J].暴雨灾害,2014,33(01):65-72.

[149]许传阳,郝成元.基于同位素证据的夏季风水汽影响区域分界[J].地球与环境,2017,45(05):508-514.

[150]赵伟,郝成元,许传阳.基于HYSPLIT的中国夏季风暖湿气流影响区域分界探讨[J].地理与地理信息科学,2018,34(02):106-111.

[151]汪海燕.模糊数据挖掘技术在大气系统中的应用[D].北京:北方工业大学,2012.

[152]邹杰涛,汪海燕,赵方霞.基于混合型模糊聚类分析的降水区域分类法[J].数学的实践与认识,2015,45(02):106-112.

[153]祁伏裕,李彰俊,孔文甲.用模糊聚类法对内蒙古冬季降水区域划分

[J].内蒙古气象，2001(04):23-24.

[154]杨淑群，郁淑华.用聚类分析方法对四川盆地降水区域的划分[J].四川气象，1999(02):38-39.

[155]余忠水，德庆卓嘎.用聚类分析方法对西藏降水区域划分及其应用探讨[J].西藏科技，2007(09):56-58.

[156]朱乾根，陈晓光.我国降水自然区域的客观划分[J].南京气象学院学报，1992(04):467-475.

[157]钱程程.海洋降水与中国区域夏季降水对全球变暖的响应:模态提取与时空分析[D].青岛:中国海洋大学，2015.

[158]管兆勇，许琪.海洋性大陆地区夏季降水的区域性特征及与亚-印-太不同气候信号的联系[C].第35届中国气象学会年会S7东亚气候，极端气候事件变异机理及气候预测，2018.

[159]王秀颖.辽宁省年最大24 h降水时空特征[J].水电能源科学，2018，36(01):5-8.

[160]DRAXLER R R，HESS G D，DRAXLER R R. In National Oceanic & Atmospheric Administration Technical Memorandum Erl Arl[J]. National Oceanic and Atmospheric Administration，1997，12(298)：197-199.

[161]李广，章新平，许有鹏，等.滇南蒙自地区降水稳定同位素特征及其水汽来源[J].环境科学，2016，37(04):1313-1320.

[162]DRAXLER R R. HYSPLIT4 users's guide[M]. 1999.

[163]王裁云，邓传芝.以冬季温度作云南省5月份雨季开始日期及雨量预报[J].气象学报，1965(03):328-332.

[164]KRIGE D G. A Statistical Approach to Some Basic Mine Valuation Problems on the Witwatersrand[J]. OR，1953，4(01)：18.

[165]靳国栋，刘衍聪，牛文杰.距离加权反比插值法和克里金插值法的比较[J].长春工业大学学报:自然科学版，2003，24(03):53-57.

[166]何奕,傅德平,赵志敏,等.基于GIS的新疆降水空间插值方法分析[J].水土保持研究,2008,15(06):35-37.

[167]CRAIG H. Isotopic Variations in Meteoric Waters[J]. Science, 1961, 133(3465): 1702-1703.

[168]郑淑蕙,侯发高,倪葆龄.我国大气降水的氢氧稳定同位素研究[J].科学通报,1983, 28(13):801-801.

[169]周石硚,中尾正义,坂井亚规子,等.祁连山七一冰川积雪和大气降水中的氢氧稳定同位素变化[J].科学通报,2007,52(18):2187.

[170] ARAGUÁSARAGUÁS L, FROEHLICH K, ROZANSKI K. Deuterium and oxygen-18 isotope composition of precipitation and atmospheric moisture[J]. Hydrological Processes, 2015, 14(08): 1341-1355.

[171]卫克勤,林瑞芬,王志祥.北京地区降水中的氚、氧-18、氚含量[J].中国科学(B辑 化学 生物学 农学 医学 地学),1982(08):754-757.

[172]王佳津,王春学,陈朝平,等. 基于HYSPLIT4的一次四川盆地夏季暴雨水汽路径和源地分析[J]. 气象, 2015, 41 (11): 1315-1327.

[173]方利江,傅贤康,谢立峰,等. 舟山本岛大气污染输送过程的数值模拟分析[J]. 环境科学研究, 2014, 27 (10): 1087-1094.

[174]岳俊,李国平. 应用拉格朗日方法研究四川盆地暴雨的水汽来源[J]. 热带气象学报, 2016, 32 (02): 256-264.

[175]强学民,琚建华,张浩瀚.云南夏季风演变诊断分析[J].云南大学学报:自然科学版,1998(01):76-80.

[176]胡金明,何大明,李运刚.从湿季降水分异论哀牢山季风交汇[J].地球科学进展,2011, 26(02):183-192.

[177]胡金明,何大明,吴绍洪,等.纵向岭谷区北回归线一带年降水区域分异特征[J].地理学报,2010,65(03):281-292.